Anaesthesiology and Resuscitation
Anaesthesiologie und Wiederbelebung
Anesthésiologie et Réanimation

52

Editors

Prof. Dr. R. Frey, Mainz · Dr. F. Kern, St. Gallen
Prof. Dr. O. Mayrhofer, Wien

Managing Editor: Priv.-Doz. Dr. M. Halmágyi, Mainz

G. Zierott

Die Bedeutung der adrenergen Blockade für den haemorrhagischen Schock

Mit 17 Abbildungen

Springer-Verlag Berlin Heidelberg New York 1971

Priv.-Doz. Dr. G. Zierott

Chirurgische Klinik der Christian-Albrechts Universität Kiel
(Direktor: Prof. Dr. B. Löhr)

Abteilung für Experimentelle Chirurgie der Universität Bern
(Leiter: Prof. Dr. P. Lundsgaard-Hansen)

Der experimentelle Teil wurde mit Unterstützung des Schweizerischen Nationalfonds zur Förderung der wissenschaftlichen Forschung, Kredit Nr. 4423, ermöglicht

ISBN-13: 978-3-540-05348-4 e-ISBN-13: 978-3-642-46265-8
DOI: 10.1007/978-3-642-46265-8

Vorwort

Wenn die umfassenden neuen Erkenntnisse der letzten Jahre auf dem Gebiet der Schockpathophysiologie auch für die Behandlung zahlreicher Schockzustände tiefgreifende Wandlungen und Verbesserungen erbracht haben, so sind wir von einer endgültigen Lösung der vielfältigen Probleme des Schocks jedoch noch weit entfernt. Ohne Zweifel gelingt es mit den Mitteln der Infusion und Transfusion sehr häufig, wirksame Hilfe zu leisten. Vor schwierige und z. T. noch ungelöste Aufgaben stellen uns hingegen die sich allmählich entwickelnden, über längere Zeiträume anhaltenden Schockzustände, die MOORE (272) treffend als die Gruppe der „old and late" bezeichnet hat. Bei der Behandlung dieser komplizierten Krankheitsbilder, die u. a. durch schwer diagnostizierbare Kreislaufschäden, unstillbare Blutungen und septische Infektionen hervorgerufen werden, divergieren die Meinungen, und es prallen vielfach entgegengesetzte Therapieformen aufeinander.

Der klinischen Schockforschung sind wegen der Natur des Schockgeschehens Grenzen gesetzt. Es verwundert daher nicht, daß die wesentlichen Erkenntnisse auf diesem Gebiet bisher aus dem Tierexperiment heraus gewonnen worden sind. Mit seiner Hilfe gelingt es, Extremsituationen zu untersuchen, die in der Klinik als Finalstadien gelten, da sie einer therapeutischen Beeinflussung nicht mehr zugänglich sind. In diesen Situationen treten jedoch pathophysiologische Phänomene in Erscheinung, die von grundsätzlicher Bedeutung für das allgemeine Schockgeschehen sind. Diese klinisch schwer faßbaren Veränderungen bilden vielfach die Ursache für die Entstehung irreparabler Schäden, und der irreparable Schock stellt heute das zentrale Problem der Schockforschung dar.

Unsere Aufgabe besteht darin, die Schwelle zwischen dem Zustand des Lebens und dem des Todes soweit wie möglich hinauszuschieben, damit mehr Zeit für eine kausale Therapie gewonnen wird. Dieser Weg hat stets mit dem Experiment im Laboratorium zu beginnen und ließe sich nur insofern verkürzen, indem die Schranken zwischen Klinik und Forschung weiter abgebaut werden.

Die vorliegende Arbeit befaßt sich mit einer Möglichkeit, schwere und langanhaltende Schockzustände zu beeinflussen. Sie geht von der Tatsache aus, daß jedes Schockgeschehen von einer Stimulierung des adrenergen Nervensystems begleitet wird. Da hiermit nicht nur Schutzmechanismen für den von einem Schock betroffenen Organismus ausgelöst werden, sondern auch die Ursache schwerer Schädigungen gegeben ist, stellt sich die

Frage, ob mit Hilfe einer gezielten Beeinflussung der sympathischen Stimulierung eine Erhöhung der Toleranz des Organismus gegenüber Schockzuständen erreicht werden kann. Bei dem als Grundlage für die Experimente verwendeten Modell des hämorrhagischen Schocks handelt es sich um ein relativ leicht standardisierbares und reproduzierbares Verfahren, das für solche Versuche vorausgesetzt werden muß. Wegen der Schwierigkeit, eine gleichmäßige Beeinflussung des adrenergen Nervensystems zu erzielen, erweist es sich als notwendig, die blockierenden und stimulierenden Substanzen vor dem Beginn der Blutung zu verabfolgen. Damit wirken diese Maßnahmen im Sinne einer Schockprophylaxe, und es lassen sich lediglich indirekte Schlüsse auf die Auswirkung einer direkten Beeinflussung des Schocks ziehen. Vor der Besprechung der experimentellen Ergebnisse werden die pathophysiologischen Zusammenhänge des hämorrhagischen Schocks erörtert, wie sie sich uns heute darstellen. Besonderer Wert wird dabei auf die Rolle des sympathischen Nervensystems im Schock gelegt. Wegen der z. T. recht widersprüchlichen Literatur auf diesem Gebiet läßt sich eine eingehende Diskussion des bisher Erreichten nicht umgehen. Trotzdem erheben die Darlegungen keinen Anspruch auf Vollständigkeit bezüglich der komplexen Problematik. Sie beziehen sich nur auf Gebiete, über die aufgrund der Versuchsergebnisse Aussagen gemacht werden können. Den Abschluß bildet ein Überblick über den derzeitigen Stand der klinischen Schockbehandlung mit vasoaktiven Substanzen. Die eigenen Ergebnisse werden hierzu in Relation gesetzt.

Kiel, Januar 1971 G. Zierott

Inhaltsverzeichnis

Kapitel I

Experimenteller hämorrhagischer Schock

Die heute gültige Schockdefinition beinhaltet eine primäre hämodynamische Störung, die zumindest in gewissen Körperregionen eine Minderdurchblutung erzeugt. An den Anfang sind aus diesem Grunde zunächst die Veränderungen des Blutes und des Zirkulationssystems im Schock gestellt worden. Sodann wird auf die Probleme des Sauerstoffmangels eingegangen, der als begrenzender Faktor für das Überleben bisher am exaktesten erfaßbar ist. Den Abschluß dieses Kapitels bildet ein Fragenkomplex über das Schockmodell, die Irreversibilität und die Hypotension.

1. Rolle des Blutes

Das schockauslösende Agens in unserem Versuchsmodell ist der Verlust von Blut aus dem Gefäß-System. Kurz nach dem Blutentzug, der zur Erreichung eines bestimmten arteriellen Druckes erforderlich ist, entspricht der tatsächliche Blutverlust dem durch Blutvolumenbestimmung zu diesem Zeitpunkt errechneten Defizit [246]. Im weiteren Verlauf des standardisierten hämorrhagischen Schocks, etwa bis zur Erlangung des maximalen Blutverlustes, wird ein größeres zirkulierendes Blutvolumen, als es sich aus dem primären Gesamtvolumen und dem Blutverlust errechnen würde, gemessen. Aus Untersuchungen des Hämatokrits, dem Verhältnis zwischen totalem Erythrocyten- und Plasmavolumen, geht hervor, daß die wesentliche Ursache hierfür in einer Zunahme des zirkulierenden Plasmavolumens liegt. Sinkende Hämatokritwerte als Zeichen der Hämodilution sind von zahlreichen Untersuchern im hämorrhagischen Schock beschrieben worden [152, 246, 353]. Nach Deavers, Smith und Huggins [35] handelt es sich bei einer Drucksenkung auf 35 mmHg etwa um 7,0–8,6 ml/kg extravasale Flüssigkeit, die u.a. infolge Verminderung des hydrostatischen Druckes innerhalb der Capillaren in die Blutbahn einfließt. Allen [13] errechnet einen kompensatorischen Flüssigkeitsersatz von etwa 10% des Ausgangsvolumens.

Mit zunehmender Dauer des hämorrhagischen Schocks beobachten wir dann eine Umkehr des geschilderten Effektes: Die Hämodilution geht in eine Hämokonzentration über, die sich u.a. im Anstieg der Hämatokritwerte äußert. Die hiermit verbundene Verminderung des zirkulierenden Blutvolumens erfolgt vorwiegend auf Kosten von Plasmaverlusten [152, 247, 320, 405]. Auf die möglichen Ursachen dieses Phänomens wird im Kapitel über das Capillarsystem eingegangen. Kann der Prozeß der Hämokonzentration nicht gebremst werden, so ergeben sich daraus für den Organismus schwerwiegende Folgen. Bei steigendem Hämatokrit nimmt die Sauerstofftransportkapazität des Blutes ab [74, 356]. Sie ist optimal bei einem Hämatokrit zwischen 35 und 39% [73]. Gleichzeitig steigt die Blutviscosität steil an, was die Gefahr der Erythrocytenaggregation und der Sludgebildung infolge Strömungsverlangsamung heraufbeschwört [45, 135, 372]. Diese wenigen Beispiele mögen die Bedeutung des zirkulierenden Blutvolumens und seiner Zusammensetzung für den Verlauf eines hämorrhagischen Schocks unterstreichen. Viele Untersucher sehen in diesen Problemen den zentralen Faktor für das Schockgeschehen überhaupt [128, 399, 401].

2. Zirkulationssystem

Zweckmäßigerweise wird das Zirkulationssystem in vier verschiedene funktionelle Abschnitte unterteilt: 1. das Herz, 2. die Arterien, 3. das Capillar- oder Austauschsystem, 4. das Venensystem. Seine Steuerung erfolgt einerseits durch übergeordnete nervale Zentren und andererseits durch Rezeptoren, die in den Gefäßen selbst gelegen sind. Diese Zusammenhänge werden im Kapitel über das sympathische Nervensystem besprochen.

Herz. Als zentraler Motor des gesamten Kreislaufsystems besitzt es naturgemäß eine eminente Bedeutung für den Ablauf des hämorrhagischen Schocks. Verglichen mit anderen lebenswichtigen Organen weist es zudem mannigfache Besonderheiten auf, die, soweit sie bedeutungsvoll für das Schockgeschehen sind, hier erwähnt werden sollen. Aus physiologischer Sicht nimmt das Herz insofern eine Sonderstellung ein, als es über beachtliche Reserven verfügt. So ist einerseits ein untrainiertes Herz mühelos imstande, seine Leistung um 300–400% zu steigern, und andererseits werden bei einer Verminderung der Herzkraft um ein Drittel noch keine Insuffizienzerscheinungen beobachtet [170]. Wie aus verschiedenartigen Untersuchungsergebnissen über den Funktionszustand des Herzens im hämorrhagischen Schock hervorgeht, wird es im länger dauernden Schock zunehmend geschädigt [99, 100, 147, 328, 398]. Guyton und Crowell [75, 76, 77] weisen in eingehenden Untersuchungen eine irreversible Herzschädigung nach Ablauf eines 5stündigen Schockgeschehens nach. Sie führen diese Veränderungen auf das globale Sauerstoffdefizit des Gesamtorganismus im Schock zurück. Aufgrund ihrer Untersuchungsergebnisse stellen sie das Herz in den Mittelpunkt des Schockgeschehens und sehen in seiner Schädigung die Hauptursache für das Eintreten der Irreversibilität.

Elektrokardiographische, mikroskopische und enzymatische Befunde der letzten Jahre sprechen zumindest für pathologische Veränderungen subendokardialer Schichten [211, 254, 257, 263, 265, 279]. An einer Schädigung des Herzmuskels nach Ablauf eines länger dauernden Schocks besteht somit kaum ein Zweifel. Die Meinungen gehen allerdings in den Fragen auseinander, welche Genese die Herzschädigung ist, und ob das Herz im Spätstadium des Schocks tatsächlich zum entscheidenden Faktor bezüglich seiner Prognose wird. Oder setzt die Herzschädigung erst ein, wenn an anderen Stellen wie z. B. der Peripherie des Organismus bereits irreversible Schäden aufgetreten sind. Bedenkt man, daß das Auswurfvolumen des Herzens mit Einsetzen einer Hämorrhagie abnimmt, die Coronardurchblutung zwar gleichfalls sinkt, allerdings relativ geringer als der Abfall des Blutdruckes [59, 100], so erscheint bei verminderter Herzleistung und eingedenk der genannten Reserven eine durch Sauerstoffmangel hervorgerufene Herzinsuffizienz zweifelhaft. Nach GREGG [161, 162] nimmt sogar der prozentuale Anteil des Auswurfvolumens, der in die Coronarien gelangt, bei sinkendem intrakardialem Druck und Auswurfvolumen zu.

LUNDSGAARD-HANSEN [253, 255] hat aufgrund von Lactat/Pyruvatbestimmungen im Coronarsinusblut ein allgemeines Sauerstoffdefizit des Herzens in Spätstadien des hämorrhagischen Schocks nicht nachweisen können. Zwar kommt es im hämorrhagischen Schock zum Absinken der coronarvenösen Sauerstoffsättigung [172, 173], die bei LUNDSGAARD-HANSEN [254] und SIMEONE [354] zwischen 38 und 39% liegt. Die nachgewiesene Vasodilatation der Coronarien [48, 202, 293] reicht somit nicht aus, den Abfall des Perfusionsdruckes vollständig zu kompensieren. Das Absinken des Sauerstoffgehaltes, der Sauerstoffsättigung und des Sauerstoffpartialdruckes im coronarvenösen Blut läßt jedoch solange nicht auf einen Sauerstoffmangel schließen, wie die Werte bei intakten Coronarien nicht unter die sog. kritische Schwelle für das Herz sinken. Nach ALEXANDER [10] ist im Entblutungsschock die myokardiale Kraftentwicklung nicht wesentlich vermindert. Auch HOCHREIN [199] sieht unter seinen Versuchsbedingungen keinen Anhalt für eine generelle Herzschädigung. Zusammenfassend ist festzustellen, daß besonders die in den letzten Jahren gewonnenen Ergebnisse über den Herstoffwechsel im hämorrhagischen Schock eher gegen eine Schädigung des Herzens sprechen, die sich aus einem allgemeinen Sauerstoffmangel ergibt. Das schließt jedoch die Existenz von umschriebenen Sauerstoffdefiziten nicht aus und mindert nicht die große Bedeutung der Sauerstoffversorgung für das geschädigte Herz.

Einige Befunde aus letzter Zeit lassen vermuten, daß möglicherweise bisher unbekannte Substanzen kardiotoxische Effekte hervorrufen [77, 115, 170, 171, 176, 370]. Aufgrund ihrer Untersuchungen glauben GOMEZ und HAMILTON [147] an die Freisetzung derartiger Verbindungen im ischämischen Splanchnicusbereich. Ein anderer Mechanismus könnte über die

Leber laufen; weiß man doch, daß nach länger dauernder hepatischer Ischämie der sog. Entgiftungsmechanismus in der Leber gestört wird [44]. Die aufgeführten Tatsachen unterstreichen die große Bedeutung, die dem ungestörten Funktionieren des Herzens im Schock zukommt. Die ausreichende Herzleistung ist eine der Voraussetzungen für das Überleben im hämorrhagischen Schock.

Widerstandsgefäße. Die Arterien dienen als großes Druckreservoir mit variabler, aber auch begrenzter Kapazität. Ihr Innendruck wird im wesentlichen durch das Herzzeitvolumen und den peripheren Widerstand der Gefäße bestimmt. Über neurohumorale Steuerungsmechanismen, die den Strömungsdurchmesser der Gefäße und das Herzzeitvolumen beeinflussen, wird die Blutverteilung den jeweiligen Erfordernissen angepaßt. Meßkriterien, um diese Zusammenhänge quantitativ zu erfassen, sind uns mit der Bestimmung des arteriellen Druckes, des Herzzeitvolumens und des totalen peripheren Widerstandes, der sich aus diesen Meßwerten berechnen läßt, gegeben. Da einerseits die Hypotonie nicht zwangsläufig Schock bedeutet, und andererseits der Schock nicht immer mit einer Hypotonie einhergehen muß, bestitzt die Bestimmung des arteriellen Druckes als Diagnosticum nur einen begrenzten Wert. Die Erhöhung des totalen peripheren Widerstandes ist vielfach als Indikator für das Vorliegen einer allgemeinen peripheren Vasoconstriction angesehen worden [311, 377, 399]. Da aber unter den Verhältnissen des Schocks, nicht nur des hämorrhagischen, die Änderung der Blutverteilung im Gefäß-System eine nicht zu unterschätzende Rolle spielt, wird vielerorts vor einer Überbewertung solcher Meßwerte gewarnt [62, 152, 377]. Durch nervale Regulationsmechanismen, die im folgenden Kapitel besprochen werden sollen, kann der periphere Widerstand in den einzelnen Organsystemen sehr unterschiedlich sein. So erfolgt in dem Anfangsstadium eines Schocks zunächst eine Drosselung der Durchblutung in den Gebieten der Haut, der Muskulatur und des Darmes zugunsten lebenswichtiger Organe wie des Gehirns und des Herzens [61, 290, 377]. Trotz ausgeprägter Vasoconstriction weiter Gefäßabschnitte und ernsthafter Zirkulationsstörungen in diesen Gebieten können das Herzzeitvolumen und der Blutdruck relativ unverändert bleiben, da über arteriovenöse Shunts eine quantitativ erhebliche aber qualitativ minderwertige Zirkulation aufrechterhalten wird [95, 286, 288]. Aus diesen Erwägungen heraus ist der totale periphere Widerstand als Schockdiagnosticum von begrenztem Wert. Er korreliert nicht ohne weiteres mit der Gewebsperfusion.

Capillar- oder Austausch-System. Die Mikrozirkulation ist anatomisch die größte Einheit des Organismus. Die Capillaren umfassen 90% der gesamten Blutgefäße und unterliegen im Gegensatz zum Herzen und den Gefäßen z.T. anderen Regulationsmechanismen. Es sind vor allem vasotrope und humorale Faktoren, die die metabolische Aktivität dieser Gebiete regulieren. Zahlreiche Untersucher messen dem Capillarsystem im Schock eine entscheidende Bedeutung bei [193, 246]. Unter normalen Bedingungen besteht ein dynamisches Gleichgewicht zwischen den Faktoren, die die Capillaren erweitern und verengen. HERSHEY [194] gibt treffend für die lokale Regulation der Durchblutung der Capillaren einen Rückkoppelungsmechanismus an, der im folgenden Kreislauf in positiver oder negativer Richtung wirksam werden kann: die Vasoconstriction führt über eine verminderte Capillardurchblutung zur Anhäufung vasotroper Metabolite und einer damit verbundenen Herabsetzung der Erregbarkeit der Gefäßmuskulatur. Das hat eine relative Vasodilatation zur Folge, die ihrerseits durch die Verbesserung der Capillardurchblutung den Abtransport vasotroper Metabolite fördert, womit die Reaktionsfähigkeit der Gefäßmuskulatur wieder zunimmt.

Wegen der Insuffizienz der zirkulatorischen Bedingungen im hämorrhagischen Schock, die durch eine mangelhafte Füllung des Systems mit Blut zustandekommt, setzen eine Anzahl von Störungen ein, von denen man keiner einzelnen den Vorrang einräumen kann. Im Anfangsstadium des Schocks stehen reine kompensatorische Maßnahmen wie die periphere Vasoconstriction im Vordergrund des Geschehens. Erst mit Unterschreiten des Minimalbedarfs des Gewebes an Nährstoffen, vor allem an Sauerstoff, setzt die Phase der Dekompensation ein. Jetzt wird, wahrscheinlich bedingt durch metabolische Veränderungen im Gewebe, ein zunehmender Verlust des präcapillären Sphinctertonus beobachtet, während der postcapilläre Sphinktertonus nach LEWIS [242] und MELLANDER [266, 267] hypoxischen und acidotischen Einflüssen gegenüber resistenter sein soll. Als Folge hiervon füllt sich das Capillarbett vermehrt mit Blut, Hämostase verbunden mit Erythrocytenaggregationen verschlechtern die Austauschbedingungen, und Blut wird durch „pooling" der aktiven Zirkulation entzogen. Das vermehrte Versacken von Blut mit seinen schwerwiegenden Konsequenzen ist je nach Spezies in den Lungen- [138, 140] bzw. in den Splanchnicusgefäßabschnitten [4, 336, 337, 339] nachgewiesen. BERK [39] sieht hierin die wesentlichen Ursachen für die Entstehung irreparabler Schockzustände. Der Anstieg des hydrostatischen Druckes in den Capillaren in Verbindung mit hypoxisch bedingten Permeabilitätsstörungen der Zellmembranen verursacht gleichzeitig Plasmaverluste in das Gewebe [245, 267, 303]. Damit zusammen läuft die Viscositätserhöhung des Blutes und die erhöhte Konzentration hochmolekularer Eiweißkörper. Alle genannten Faktoren vertiefen das Schockgeschehen, das in dieser Phase im Experiment durch das „taking up" Phänomen charakterisiert ist. HERSHEY [194] nennt diesen Vorgang „depressed vasomotion". Er ist durch Kreislaufstudien am Mesenterium im Schock von zahlreichen Untersuchern bestätigt worden [24, 151, 244, 399]. Besonders frühzeitig setzen derartige Reaktionen im Splanchnicusgebiet ein. Die besondere Empfindlichkeit dieser Gefäßregion wird von Green [154, 155] auf den relativ hohen Anteil am Herzzeitvolumen, den großen Sauerstoffbedarf und die vermehrte adrenerge Innervation zurückgeführt.

Venensystem. Dem Venensystem des Organismus ist ohne Zweifel in der Vergangenheit bei der Beurteilung hämodynamischer Veränderungen zu wenig Beachtung geschenkt worden. Die Venen enthalten über 70% des gesamten Blutvolumens und sind in ihrem Fassungsvermögen äußerst flexibel [96, 233]. Nach Landis und Hartenstein [233] wirken verschiedene Kräfte auf den venösen Rückstrom des Blutes zum Herzen ein. Die größte Bedeutung besitzt die „vis a tergo". Sie erfährt unter den Bedingungen des hämorrhagischen Schocks eine Reduzierung, wofür vor allem das verminderte zirkulierende Blutvolumen, die periphere Vasoconstriction und die metabolischen Veränderungen im Gewebe verantwortlich zu machen sind. Der nachgewiesene Leistungsabfall des Herzens, insbesondere in den Anfangsstadien eines hämorrhagischen Schocks, ist nahezu vollkommen auf den verminderten venösen Rückstrom zum rechten Herzen zurückzuführen. Er geht weniger zu Lasten des Myocards, da die Coronardurchblutung nicht in dem Maße sinkt, und andererseits derartige Veränderungen durch Flüssigkeitsersatz behoben werden können [326]. Die Funktion der Venen als Kapazitätsgefäße hängt ganz wesentlich von ihrem Tonus ab. Geringe Tonusänderungen können bereits zu massiven Kreislaufdysregulationen führen. Die Steuerung des Venentonus erfolgt über adrenerge Rezeptoren, deren Rolle in den folgenden Kapiteln besprochen wird.

3. Sauerstoffbilanz

Störungen im Sauerstoffhaushalt führen sehr schnell zu schwerwiegenden Veränderungen, da der Organismus über keine nennenswerten Sauerstoffreserven verfügt. Lediglich das momentane Gasvolumen in der Lunge und der an das Hämoglobin gebundene Sauerstoff können als eine gewisse Reserve angesehen werden und gewährleisten bei ungestörten Kreislaufverhältnissen eine ausreichende Versorgung des Gewebes für wenige Minuten [377]. Aus Kreislaufstudien ist bekannt, daß die unterschiedlichsten Nährstoffe im Blut bis auf das 25fache vermindert werden können, ohne daß eine Erhöhung des Herzminutenvolumens einsetzt [76]. Die Sicherheitsgrenze für den Sauerstoff liegt bereits bei einer Verminderung um ein Drittel des Normalbedarfes. Eine direkte quantitative Erfassung des Sauerstoffverbrauchs ist bereits unter experimentellen Bedingungen ein schwieriges Unterfangen und bisher in der Klinik selten gelungen. Die ersten zuverlässigen Daten über Messungen des Suaerstoffverbrauchs unter standardisierten Bedingungen des hämorrhagischen Schocks stammen von

Crowell [80]. Sie besagen, daß sich im Verlaufe eines Schocks ein zunehmendes Sauerstoffdefizit entwickelt, welches in Korrelation zur Irreversibilität gesetzt werden kann. Wie aus seinen Versuchen hervorgeht, überstehen Tiere unter unbeeinflußten Bedingungen ein Defizit von mehr als 140 ml/kg mit großer Sicherheit nicht. Der Sauerstoffverbrauch im Frühstadium eines hämorrhagischen Schocks bleibt zunächst unverändert. Er sinkt erst im weiteren Verlauf langsam ab [344]. Wegen der Schwierigkeit der quantitativen Erfassung globaler Sauerstoffdefizite sind wir mehr auf indirekte Zeichen beginnender Hypoxie angewiesen. Während der Sauerstoffgehalt des arteriellen Blutes unter unkomplizierten Bedingungen im hämorrhagischen Schock gegenüber den Kontrollwerten sich nicht verändert, fällt die venöse Sauerstoffsättigung des Blutes je nach dem Schweregrad des Schocks stark ab. Bendixen und Laver [34] definieren die Sauerstoffreserve des Blutes als Differenz zwischen dem O_2-Gehalt des venösen Blutes, welches das Gewebe passiert hat, und dem O_2-Gehalt im kritischen Bereich der Sauerstoffspannung, bei der dieser nicht mehr vom Blut aus in das Gewebe diffundiert. In diesem Maße ist der Organismus in der Lage, mit Hilfe der gesteigerten Sauerstoffextraktion aus dem Blut beginnende O_2-Defizite zu kompensieren. Der Minimalpartialdruck in den Capillaren, der eine adäquate Diffusion des Sauerstoff gewährleistet, liegt bei etwa 8 Vol.%. Unter dieser kritischen Grenze wird der Druckgradient so gering, daß der O_2-Transport in das Gewebe nicht mehr ausreichend vonstatten gehen kann [377]. Somit darf die venöse Sauerstoffsättigung als relativ zuverlässiges Kriterium für die Sauerstoffsituation des Organismus angesehen werden. Die Berechnung des allgemeinen Sauerstoffverbrauchs aus dem Herzzeitvolumen und der arteriovenösen Differenz läßt nicht ohne Vorbehalt auf die allgemeine O_2-Situation des Organismus schließen. Es kann sich z.B. eine schwere metabolische Acidose in minder zirkulierten Gebieten entwickeln, ohne daß der allgemeine Sauerstoffverbrauch wesentlich sinken muß. Die O_2-Bilanz im hämorrhagischen Schock wird durch zusätzliche allgemeine Faktoren beeinflußt, die auch unter normalen Bedingungen zu Veränderungen im Sauerstoffverbrauch führen. Deshalb ist der Grundumsatz nicht ohne weiteres dem Bedarf im Schock gleichzusetzen. Zu den O_2-verbrauchssteigernden Faktoren gehören erhöhte Temperatur, gesteigerte Stoffwechselrate und physikalische Bewegungen. Diese Faktoren müssen zwangsläufig die Schocksituation verschlechtern. Hingegen sollten sich Einflüsse wie Hypothermie oder erniedrigte Stoffwechselrate günstig auf das Schockgeschehen auswirken.

Das im Schock auftretende Sauerstoffdefizit beruht in hohem Maße auf einer Störung des Sauerstofftransportes. Der physiologische Weg vom Eintritt in die Blutbahn über die Alveolarmembran nach Passieren der Luftwege, die Bindung des größten Teils an das Hämoglobin, die Beförderung über den pulmonalen Kreislauf in den großen Kreislauf und von dort bei optimalen Blutviscositäts- und Druckverhältnissen bis in die Capillaren mit Übertritt in die Intracellulärräume kann an vielen dieser Schaltstellen gestört werden.

Unter standardisierten experimentellen Bedingungen und bei gesunden Tieren muß den Veränderungen in der Zusammensetzung des Blutes sowie der Funktion des cardiovasculären und Capillarsystems besondere Aufmerksamkeit geschenkt werden.

4. Säure-Basenhaushalt

Bekanntlich wird das Säure-Basengleichgewicht durch sämtliche Funktionen bestimmt, die imstande sind, die Wasserstoffionen- oder Protonenkonzentration im Organismus zu stabilisieren. Mit Hilfe dieser Neutralitätsregulation ist der Organismus stets bestrebt, das „milieu interne" konstant zu halten. Als Puffersysteme dienen die Proteine, wie das Hämoglobin primäres/sekundäres Phosphat und CO_2/HCO_3. Das letztgenannte System repräsentiert etwa $^3/_4$ der Pufferkapazität des Blutes und besitzt auch wegen seiner direkten Beziehung zur Atmung die größte Bedeutung. Zur Charakterisierung des Säure-Basenstatus des Organismus dient die Henderson-Hasselbalchsche Gleichung [187, 191].

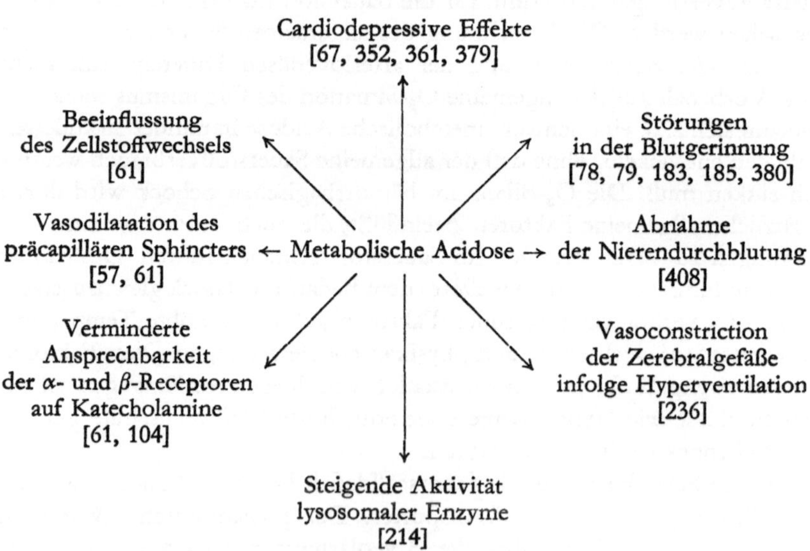

Abb. 1. Auswirkungen der schockbedingten metabolischen Acidose auf den Organismus

Schwere Schockzustände beim Menschen wie beim Tier sind in der Regel mit der Entwicklung einer metabolischen Acidose verbunden. Sie ist im Blut durch ein niedriges pH und zumeist kompensatorisch gesenktes pCO_2, sowie durch ein erhöhtes Basendefizit charakterisiert. In der Regel besteht vom Blut zum Gewebe ein pH-Gefälle in der Form, daß das intracelluläre pH niedriger als das pH des Blutes liegt [61]. Wichtig ist die Unterscheidung zwischen respiratorischer und metabolischer Acidose. Während eine schwere respiratorische Acidose vom Menschen relativ lange toleriert wird, sind tiefgreifende Stoffwechselstörungen stets von metabolischen Acidosen begleitet, die vom Organismus nicht lange ohne Schädigungen toleriert werden. Die Ursache ihrer Entstehung im Schock liegt in der unzureichenden Sauerstoffversorgung des Gewebes, dem Mangel an anderen energiereichen Substanzen, sowie im gestörten Abtransport saurer Stoffwechselprodukte. Die metabolische Acidose kann in Schockzuständen häufig durch eine respiratorische, kompensatorische Alkalose überdeckt werden. Der Einfluß der Acidose auf das Schockgeschehen ist sehr mannigfaltig. Einige Punkte zu dieser Frage sind in der folgenden Übersicht zusammengefaßt.

Der Verlauf eines unbeeinflußten experimentellen hämorrhagischen Schocks ist durch ein relativ frühzeitiges Einsetzen der metabolischen Acidose gekennzeichnet. Sie vertieft sich mit zunehmender Schockdauer bis zum Zeitpunkt des „uptake". Danach verhalten sich die Meßwerte häufig rückläufig [246, 412]. Die Ursache für diese Diskrepanz ist nicht sicher geklärt. Mögliche Verdünnungseffekte dürften nicht allein hierfür verantwortlich sein. Eine Korrektur der Acidose im Zusammenhang mit vermehrter Sauerstoffzufuhr soll zu einer Verbesserung der Überlebensraten nach experimentellem hämorrhagischen Schock führen [260]. Hingegen ist es bisher nicht gelungen, die Acidose als alleinigen Letalfaktor im Schock hinzustellen [35].

5. Metabolische Aspekte im Schock

Die zunehmende Gewebshypoxydose im Verlaufe eines Schockgeschehens gibt notwendigerweise Anlaß zu Störungen zahlreicher biochemischer Reaktionen und zur Anhäufung verschiedenster metabolischer Endprodukte im Gewebe und in der Blutbahn. An dieser Stelle erscheint es unmöglich, sämtliche in Frage kommenden Reaktionen auch nur zu nennen, viel weniger sie zu beschreiben. Es muß daher auf Übersichtsarbeiten zu diesem Thema verwiesen werden [239, 269]. Lediglich das Verhalten der Glucose, des Lactats und des Pyruvats im Schock wird erörtert, da diese Metabolite in den vorliegenden Untersuchungen bestimmt worden sind. Ihr diagnostischer Wert und ihr Einfluß auf das Schockgeschehen werden diskutiert.

Lactat-Pyruvat. Im Verlaufe eines hämorrhagischen Schocks entwickelt sich eine zunehmende Lactat- und Pyruvatämie. Sie ist Folge sowohl eines gestörten Abbaus als auch einer vermehrten Bildung. Normalerweise wird Lactat aus dem Blut durch die Leber und das Herz extrahiert. Aufgrund hypoxisch bedingter Verschiebungen des DPNH/DPN-Quotienten wird Lactat im Überschuß verglichen mit Pyruvat gebildet. Darauf beruht die für den Schock charakteristische Erhöhung des Lactat/Pyruvatquotienten, der im Blut als Grad für den Sauerstoffmangel des perfundierten Gewebes angesehen werden kann. In diesen Beziehungen liegen auch quantitativ gesehen die Hauptursachen für die metabolische Acidose im Schock. HUCKABEE [206] hat als vermeintlich quantitatives Maß für die Änderung des L/P-Quotienten den Begriff des „excess lactate" eingeführt. Nach ihm werden beim Hund vor allem in den Extremitäten und den Abdominalorganen im Schock große Mengen von „excess lactate" gebildet [207]. Im Herzen hingegen steigt der Lactatverbrauch an.

Wenn somit einerseits die Bestimmung von Lactat und Pyruvat im arteriellen Blut ein durchschnittliches Maß für den Grad der Störung des Energiestoffwechsels darstellt, so ist hiervon andererseits nicht ohne weiteres auf die Situation der einzelnen Organe des Körpers zu schließen. Es können infolge unterschiedlicher Blutverteilung zeitweilig fast vollständig von der Zirkulation ausgeschlossene Gebiete einen starken Sauerstoffmangel aufweisen, ohne daß dieser sich in den Blutwerten wegen der Minderzirkulation bemerkbar machen muß. Auch kann eine einsetzende Zirkulationsverbesserung von einer anfänglichen Lactat-Pyruvatausschwemmung begleitet sein, die „wash out acidosis", obwohl die energetische Situation in diesen Gebieten gleichzeitig verbessert wird.

Insgesamt darf man feststellen, daß die Bestimmung von Lactat und Pyruvat im Blut einen guten Einblick in die Situation des im Schock befindlichen Organismus gibt. Nach der Konzeption von HUCKABEE würde sie direkt mit dem Sauerstoffmangel korrelieren und somit andere Ursachen für pH-Verschiebungen auszuschließen gestatten. Bei der Beurteilung des Schweregrades eines Schocks und womöglich der Frage der Irreversibilität sollte man jedoch zurückhaltend sein. Besonders in schwersten Schockzuständen mit „taking up" Phänomenen werden entsprechend dem Verhalten des pH rückläufige Meßwerte gesehen [90, 334, 412].

Eine besondere Bedeutung kommt der Lactat-Pyruvatbestimmung in dem Falle zu, wenn Blut aus einzelnen Organen für die Untersuchung gewonnen werden kann, wie es in der vorliegenden Arbeit durch Blutentnahmen aus dem Sinus coronarius geschehen ist. In dieser Situation erscheint es in der Regel gerechtfertigt, eine direkte Korrelation zwischen den Redoxpotentialveränderungen im DPNH/DPN-System und dem LDH-System anzunehmen [225, 229, 230, 255, 280]. Unter diesen Umständen würde HUCKABEES Konzeption [206, 207, 208] und ihre Weiterentwicklung durch

Gudbjarnarson und Bing [166, 167] besagen, daß das L/P-Verhältnis widerspiegelt und damit ein Zeichen für den Sauerstoffmangel des Gewebes ist. Die wahrscheinlich nicht durch einen O_2-Mangel bedingte Pyruvatabgabe des Herzens im späten Schock (vgl. Kap. VI) schafft allerdings gerade für den Herzmuskel eine besondere Situation. Es erscheint daher eindeutiger, die von Bretschneider [49] erarbeitete kritische O_2-Sättigung für das Coronarsinusblut zu verwenden, die zu einem echten O_2-Mangel des Herzmuskels führt. Sie ist erreicht, wenn der Herzmuskel von der Lactatextraktion aus dem Blut zur Lactatabgabe in das Blut übergeht (Lactatumkehr). Die Grenzwerte liegen bei 5–7% O_2-Sättigung oder bei 5–10 mmHg. Wie Lundsgaard-Hansen [255] nachgewiesen hat, werden im coronarvenösen Blut des Hundes auch im Spätstadium des hämorrhagischen Schocks so niedrige O_2-Sättigungen nicht beobachtet.

Glukose im Blut. Mit dem Einsetzen einer Hämorrhagie steigt der Blutzuckerspiegel an [16, 197, 412, 413]. Diese Hyperglykämie wird im Experiment nach Hepatektomie, bei eviszerierten Tieren und bei glykogenarmen Lebern im ausgeprägten Hungerzustand [105, 107, 332], sowie nach Adrenalektomie [28, 107] nicht gesehen. Die Schwankungsbreite der Hyperglykämien ist beträchtlich [72], wie auch eigene Erfahrungen bestätigen [412]. Diese Tatsache mag die Komplexität des Geschehens und seine Abhängigkeit von vielen Einzelfaktoren unterstreichen. Wird nun die Blutzuckerkonzentration im Blut über die gesamte Dauer eines experimentellen Schocks verfolgt, so fällt ein biphasischer Verlauf auf. Die initiale Hyperglykämie wird durch eine je nach Tiefe des Schockzustandes sich entwickelnde z.T. extreme Hypoglykämie abgelöst [197, 239, 376, 412]. Der Knick in der Blutzuckerkurve entspricht dem Zeitpunkt, an dem sich die ersten Zeichen der Irreversibilität des Schocks bemerkbar machen, wie z.B. das „taking up" Phänomen. Als Ursache für das Absinken des Blutzuckerspiegels sind 3 Punkte zu nennen: erstens die Glykogenverarmung von Leber und Muskel, zweitens die Störung in der Glykogenese und Glykoneogenese und drittens der vermehrte periphere Glukosestoffwechsel [197]. Der Bedarf überholt die Glukoneogenese, die vor allem in der Leber erfolgt. Ein indirekter Beweis hierfür mag die Akkumulation von Lactat, dem Endprodukt des Glukoseabbaus, in diesem Stadium im Blut darstellen. Die Resynthese von Glykogen aus Lactat in der Leber ist gestört. Dafür verantwortlich sind wahrscheinlich in erster Linie extrahepatische Faktoren. In Frage kommen die reduzierte Zirkulation und die damit verbundene Hypoxie [105, 362, 399], Nebennieren- [157, 387] und renale Faktoren [348, 399]. In den Spätstadien des Schocks erscheinen strukturelle Veränderungen in der Leber, z.B. Schäden an den Mitochondrien möglich, wie sie auch an anderen Organen nachgewiesen werden [197]. Obwohl der tödliche hämorrhagische Schock in der Regel in tiefer Hypoglykämie endet, so dürfte diese als Todesursache kaum in Frage kommen. LEVENSON [238] hat durch einfache Korrektur der Hypoglykämie den tödlichen Ausgang des Schocks nicht verhindern können.

6. Schockmodell

Die Anzahl der verschiedenen Verfahren, einen experimentellen Schock zu erzeugen, an dem physiologische und biochemische Phänomene studiert werden können, ist groß. Eine sehr gebräuchliche Methode besitzen wir im hämorrhagischen Schock, der mit Hilfe der Reservoirtechnik hervorgerufen wird. Von dieser Technik gibt es zahlreiche Modifikationen [118, 231, 247, 338]. Die hier angewandte Methode ist im Kapitel VI beschrieben. An dieser Stelle sollen zusätzliche Faktoren diskutiert werden, die das Schockgeschehen beeinflussen können.

Versuchstier. Um keine allzugroßen Streuungen unter den einzelnen Versuchen in Kauf nehmen zu müssen, sollten die Versuchstiere etwa gleichaltrig, gesund und die Ernährungsunterschiede möglichst gering sein. Insbesondere sind 24 Std vor Versuchsbeginn einheitliche Ernährungsbedingungen zu schaffen, voneinander stark abweichende Körpergewichte müssen vermieden werden. Optimale Bedingungen in Form gleichaltriger und reinrassiger Tiere lassen sich nicht immer ohne weiteres erfüllen. Als durchaus genügend haben sich daher die sog. Bastardhunde erwiesen.

Versuchsbedingungen. Es ist notwendig, folgende Bedingungen in allen Versuchen gleichmäßig einzuhalten: 1. Konstanthaltung der Umgebungstemperatur, 2. Verwendung stets gleichkalibriger Gefäßkatheter und deren Plazierung immer am gleichen Ort des Gefäß-Systems, 3. die Anzahl der Blut- und Gewebsentnahmen sollte standardisiert werden, 4. die operative Prozedur darf möglichst wenige Veränderungen erfahren, der Zeitfaktor spielt hier eine große Rolle. Die Anaesthesie, Ventilation und Heparinisierung verdienen besondere Beachtung. Bereits WIGGERS [397] und später andere [12, 42] haben standardisierte Techniken für die Anaesthesie im Experiment gefordert. Die Einflüsse der Anaesthetica sind vielgestaltig [32, 298, 333] und vor allem abhängig von Dosis und Art des Anaestheticums. Groß ist ihr Einfluß auf das cardiovasculäre System [163, 305, 306] und das sympathische Nervensystem [61, 89]. Schon kleine Dosen gewisser Medikamente, die einer Prämedikation entsprechen, können den Ablauf eines standardisierten hämorrhagischen Schocks verändern, wie eigene Untersuchungen an Kaninchen zeigen [411]. Die Anaesthetica ändern die zirkulatorische Antwort des Organismus auf eine Blutung [160, 325, 416].

Besonders bewährt hat sich das von uns verwendete Barbitursäurederivat Pentobarbitol[1]. Es gilt praktisch als das Standardnarkoticum der experimentellen Medizin, vor allem deshalb, weil seine Nebenwirkungen allgemein bekannt sind.

Nicht weniger bedeutsam erscheint die Frage der Ventilation, da durch die Atmung dem Organismus ein wirksamer Regulationsmechanismus zur Verfügung steht. In den vorliegenden Untersuchungen ist die künstliche Ventilation mit einem konstanten Gasgemisch verwandt worden. Die respiratorischen Kompensationsmaßnahmen des Organismus werden hierdurch ausgeschaltet. Mit dieser Einschränkung sollte die Beurteilung metabolischer Veränderungen im Schock erleichtert werden, und die künstliche Beatmung der Standardisierung des Modells dienen.

Die Vollheparinisierung des Blutes, die aus technischen Gründen bei Durchführung eines hämorrhagischen Schockversuches erforderlich ist, übt ohne Zweifel einen Einfluß auf das Schockgeschehen aus.

Wie wir wissen, lassen Veränderungen im Gerinnungssystem im hämorrhagischen Schock einen biphasischen Verlauf erkennen. Während in den Initialstadien des Schocks eine Hyperkoagulopathie vorliegt, entwickelt sich im weiteren Verlauf eine Hypokoagulopathie mit Fibrinolyse [182, 240]. Mikrothromben in kleinen Gefäßen können zur Vertiefung des Schockgeschehens beitragen [240]. Dieser Effekt wird vermindert nach Splenektomie und Heparinisierung, was eine Steigerung der Überlebensraten zur Folge haben kann [186]. Von einigen Untersuchern werden die, in den Spätstadien des Schocks vielfach zur Beobachtung kommenden, multiplen Blutungen auf eine verminderte Gerinnungsfähigkeit des Blutes zurückgeführt [240].

Allerdings erscheinen diese Befunde in der Literatur nicht einheitlich. Nahas [281] und Lillehei [246] können in vergleichenden Untersuchungen an heparinisierten und nicht heparinisierten Hunden keine Unterschiede bezüglich des Schockablaufes feststellen.

Die vielfältigen Einflüsse, die sich allein aus dem Versuchsmodell und den Bedingungen zusammensetzen, sollen hier lediglich angedeutet werden. In ihnen ist ein Grund dafür zu sehen, daß die Versuchsergebnisse verschiedener Arbeitsgruppen häufig sehr unterschiedlich ausfallen und schwer vergleichbar sind. Da aus verständlichen Gründen diese Einflüsse auf das Experiment nicht vollständig ausgeschaltet werden können, besteht lediglich die Möglichkeit, um zu verwertbaren Resultaten zu gelangen, die Versuchsbedingungen einheitlich zu gestalten. Unter solchen Voraussetzungen dürfen die Versuchsergebnisse als vergleichbar angesehen werden. Der Wert ihrer absoluten Information hingegen bleibt beschränkt.

Zur Standardisierbarkeit der kontrollierten Variablen im Schock. Meinungsverschiedenheiten bestehen in der Frage, ob man den durch die

[1] Nembutal

Blutung hervorgerufenen Stress an der in das Reservoir gegebenen Blutmenge oder am Grad der Hypotension, die über eine bestimmte Zeit konstant gehalten werden kann, messen soll. Vor- und Nachteile bieten beide Verfahren. Mit einem konstanten Blutverlust können relativ günstig die Anpassungsvorgänge des Organismus studiert werden. Da der arterielle Druck unter diesen Bedingungen jedoch äußerst variabel ist, fallen die metabolischen Ergebnisse sehr unterschiedlich aus. In vielen Fällen wird sogar das Ziel eines eigentlichen hämorrhagischen Schocks nicht erreicht. Eine entsprechende Technik ist von WALCOTT [386] angegeben worden. Wegen der großen Schwankungen unter den einzelnen Blutvolumina lassen sich die Ergebnisse durch vorherige Bestimmung des Blutvolumens verbessern [60, 307, 367]. Legt man hingegen Wert auf eine möglichst gleichartige Mikrozirkulation und ist an metabolischen Veränderungen interessiert, so erscheint die Konstanthaltung des arteriellen Druckes über einen bestimmten Zeitraum das vorteilhaftere Verfahren. In den eigenen Untersuchungen wird die letztere Methode angewandt. Der Blutverlust, der zur Konstanthaltung eines bestimmten Druckes notwendig ist, schwankt nach SIMEONE [353] um ±0,4% Körpergewicht, was mit unseren Erfahrungen übereinstimmt. Zur Gewährleistung vergleichbarer Bedingungen müssen außerdem die Geschwindigkeit und die Dauer des Blutentzuges detailliert berücksichtigt werden. Nur so läßt sich ein durch eine Blutung hervorgerufener Kreislaufstress ausreichend beurteilen.

7. Zur Frage der Irreversibilität

Der Begriff des irreversiblen Schocks stammt aus der experimentellen Medizin und geht auf PILCHER und SOLLMANN [302] zurück. Er wird wohl mit Recht in der Klinik abgelehnt, da er die Gefahr des „Aufgebens" angesichts von schweren Krankheitsbildern in sich birgt.

Trotzdem hat die Erforschung dieses Zustandes zwischen Leben und Tod zu vielen wertvollen Erkenntnissen der neueren Zeit beigetragen. SIMEONE [353] definiert den klinisch irreversiblen Schock als einen Grad der Zirkulationsstörung, von dem eine Erholung trotz intensiver Behandlungsmaßnahmen nicht möglich ist. Als sichere Kriterien der Irreversibilität im Experiment werden heute folgende Zeichen angesehen: 1. der früh einsetzende und kontinuierliche Abfall des Blutdrucks nach erfolgter Retransfusion, 2. die spontane Rücknahme von $^1/_3$ des Reservoirblutes und 3. die Aufhebung der Reflexerregbarkeit. Die Frage nach den letztlich ausschlaggebenden Schäden ist in der vergangenen Zeit viel diskutiert worden und bleibt bis heute umstritten. Das von CROWELL [80] angegebene Sauerstoffdefizit von 140 ml/kg ist sicher bedeutsam für den letalen Ausgang eines Schocks. Leider handelt es sich hier aber um eine globale Angabe, die keine

Differenzierung zwischen den einzelnen Organen zuläßt. Gegen die vor allem von GUYTON [170] vertretene Hypothese der primären Herzschädigung als entscheidenden Faktor sprechen einige Befunde [301, 353].

PENN [299] macht das „pooling" von Blut in der Leber und im Splanchnicusgebiet für die Irreversibilität verantwortlich. Aber auch diese Tatsache kann nur als ein Symptom tiefergreifender Schädigungen angesehen werden. Vielleicht liefern in Zukunft Veränderungen an den Lysosomen [214] objektivere Hinweise. Bis heute sind daher für die Irreversibilität lediglich allgemeine Formulierungen verbindlich. Zum Beispiel wird ein Schock dann irreversibel, wenn die Mechanismen, die den venösen Rückfluß zum Herzen fördern, versagen. Eine Störung in einer Funktionseinheit, wie der zentralnervösen Regulation, hämodynamischer- oder metabolischer Abläufe, führt bei Fortbestehen des schädigenden Agens über einen positiven Rückkoppelungsmechanismus zum allgemeinen Zusammenbruch.

8. Schock oder Hypotension

Vielfach ist der Schock als reines Problem des systolischen Druckes betrachtet worden. Es ist auch unbestreitbar, daß mit dem Sinken des arteriellen Druckes in sehr vielen Fällen der Schweregrad eines Schockes korreliert. Wenn trotzdem die Begriffe Schock und Hypotension als zwei grundsätzlich verschiedene Zustände anzusehen sind, so verdanken wir das der besseren Kenntnis der Schockpathophysiologie. Der entscheidende Unterschied liegt weniger im Ausmaß der Hypotension als im Grad der Minderdurchblutung des Gewebes. Experimentell kann z. B. gezeigt werden, daß eine tiefe Hypotension nach totaler Sympathektomie vom Körper eine lange Zeit hindurch ohne Zeichen von Perfusionsstörungen des Gewebes toleriert wird [353]. Andererseits kann man schwere Schockzustände mit vasopressorischen Substanzen in hoher Dosierung erzeugen [106, 109, 244, 275]. Schließlich kann durch sympathische Stimulation der arterielle Druck im Schock auf Normalwerte gebracht werden, ohne daß daraus eine wesentlich verbesserte Gewebszirkulation resultieren würde. Der Druck allein ist daher kein befriedigendes Kriterium für den Grad der Zirkulationsstörung [41, 159, 177, 288]. Eine allgemein gültige Definition, die allen Formen des Schocks genügt, ist in kurzen Sätzen nur schwerlich zu geben. Für den hämorrhagischen Schock aber dürften wir sagen, daß er einen Grad der Kreislaufstörung darstellt, der mit den sicheren Zeichen einer gestörten Gewebsperfusion einhergeht.

Kapitel II

Wirkungsmechanismen des sympathischen Nervensystems im hämorrhagischen Schock

Die Fähigkeit des Organismus, Extremsituationen zu bewältigen, entspringt der vermehrten Aktivität des sympathischen Nervensystems. Sein Einfluß auf primäre hämodynamische Reaktionen im Schock mit negativer Rückkoppelung stellt einen typischen Kompensationsmechanismus dar, der allerdings auf der metabolischen Seite durch das gleichzeitige Einsetzen positiver Rückkoppelungsvorgänge zu Schäden Anlaß geben kann. Zum Beispiel gewährleistet die adrenerge Vasoconstriction einerseits einen ausreichenden Systemdruck, und ruft andererseits die Gefahr der Gewebsasphyxie hervor. Ein Übergreifen der anfänglich lokalen positiven Rückkoppelung auf den Gesamtorganismus ist häufig unvermeidlich. Die wichtigsten sog. Regelkreise, die dem sympathischen Nervensystem als Steuerungsmechanismen dienen, bestehen aus den zentralen Schaltstellen und den peripheren Receptoren. Letztere werden entsprechend ihrer unterschiedlichen pharmakologischen Ansprechbarkeit in ganglionäre und postganglionäre Receptoren unterteilt. Die postganglionären Receptoren setzen sich nach der heute gültigen Konzeption von Ahlquist [6] aus mindestens 2 Receptortypen, den α- und β-Receptoren, zusammen.

1. Zentrale Regulation

Allgemein gilt es als erwiesen, daß das sympathische Nervensystem im hämorrhagischen Schock durch eine diffus gesteigerte Aktivität charakterisiert ist. Die arteriellen Baro- und Chemoreceptorenreflexe werden normalerweise im medullären Vasomotorenzentrum koordiniert [122, 155, 389]. Daneben sind das Rückenmark, der Hypothalamus und die Hirnrinde an der Integration der Impulse beteiligt [102, 137, 324, 382]. Die Hämorrhagie ruft eine anhaltende Übererregung der medullären und spinalen Neuronen hervor [61]. Nach länger dauernder Hämorrhagie werden in den medullären und spinalen Neuronen Ermüdungserscheinungen beobachtet, die sich in einer verminderten Ansprechbarkeit des Vasomotorenneurons auf elektrische Stimulation äußern. Als Ursache hierfür wird in den Spätstadien des Schocks das zunehmende Sauerstoffdefizit angesehen [300]. Auch sollen humorale Einflüsse, wie z. B. die Acidose, eine Rolle spielen [61]. Veränderungen der Erregbarkeit des Hirnstammes und der spinalen Neuronen korrelieren mit Überlebensraten nach hämorrhagischen Schock. Es überleben nur die Tiere den Schock mit anschließender Retransfusion, bei denen die normale Erregbarkeit des Zentralnervensystems wiederkehrt [300]. Auch lassen sich mit Hilfe isolierter Perfusionen des Kopfes die Überlebensraten steigern [227].

Zusammenfassend ist zu sagen, daß das adrenerge Nervensystem durch eine Hämorrhagie aktiviert wird und über zentrale Schaltstellen vermehrt Impulse in die Peripherie ausstrahlt. Die diffuse Aktivität trifft jedoch auf quantitative Unterschiede in der Erregbarkeit der autonomen Nervenfasergruppen [121] und Receptoren, die unterschiedliche Reaktionen in den einzelnen Gebieten auslösen.

2. Periphere Rezeptoren

Über die im Carotissinus und in der Aorta gelegenen Baro- und Chemoreceptoren geschieht nach Hämorrhagie die Aktivierung des adrenergen Systems. Diese Receptoren sind lange bekannt und vielfach untersucht worden. Zum Beispiel wird bereits bei einem Blutverlust von 10–20% des Gesamtblutvolumens eine Senkung des arteriellen Druckes beobachtet [60, 71, 204, 264], der über eine Abnahme der afferenten Impulse der Baroreceptoren zu einer Aktivierung über efferente Bahnen des kardiovasculären Zentrums führt [29, 195, 233]. Durch das Sinken des Druckes wird außerdem die Durchblutung in den Chemoreceptoren der Carotis und Aorta herabgesetzt, worauf der einsetzende Sauerstoffmangel wiederum die Stimulierung des kardiovasculären Zentrums und sympathischer Vasoconstrictorenfasern bedingt [195, 283]. Die Reflexe, die von diesen Receptoren ausgehen, sind für die Aufrechterhaltung der Zirkulation von großer Wichtigkeit. Das unterstreichen Versuche, bei denen nach Elimination von baro- und chemoreceptoren-efferenten Impulsen durch bilaterale Vagotomie und Sinusdenervation der anfänglich ausreichend hohe arterielle Druck bereits nach schwacher Hämorrhagie deutlich abfällt [136, 175, 310]. Die Chemoreceptoren sind jedoch nicht nur auf die genannten Gebiete beschränkt, sondern sie kommen praktisch im gesamten Gefäß-System in unterschiedlicher Verteilung vor. Afferente Impulse des sympathischen Nervensystems sind ebenfalls bei Receptoren des Herzens, der großen Venen und der pulmonalen Zirkulation nachgewiesen worden [17, 84, 134, 195, 282, 317]. Seitdem diese postganglionären Receptoren mit entsprechenden Pharmaka selektiv stimuliert bzw. blockiert werden können, ist ihre praktische Bedeutung in den Vordergrund gerückt.

Ausgehend von der Receptortheorie, die besagt, daß eine Substanz nur dann auf cellulärer Ebene wirksam werden kann, wenn irgendein molekulärer Reaktionspartner vorhanden ist [228], hat AHLQUIST [6] bereits 1948 die Existenz von α- und β-Receptoren für das gesamte adrenerge System postuliert. Nach seiner Konzeption handelt es sich hierbei um speziell strukturierte Zellen, die mit einem spezifischen Agonisten, z. B. einem Pharmakon reagieren und eine bestimmte Reaktion auslösen [277]. Die chemische und morphologische Struktur der Zellen ist bisher nur teilweise bekannt. Ihre Differenzierung stützt sich daher auf pharmakologische Kriterien. Wenn die Konzeption von der Existenz der α- und β-Receptoren auch in den letzten Jahren durch die Entwicklung spezifischer Hemmstoffe gestützt worden ist, so befindet sich dies Gebiet der pharmakologischen Forschung jedoch auch heute noch sehr im Fluß, und es werden ständig neue Zusammenhänge aufgedeckt. So postuliert FURCHGOTT [132, 133] die Existenz weiterer Receptortypen. Es würde zudem den Rahmen dieser Arbeit sprengen, die gesamte Skala der unterschiedlichen Wirkungsweisen der α- und β-Receptoren in den einzelnen Organen zu diskutieren. Sie sind ohnehin teilweise noch umstritten. Im folgenden wird lediglich auf die speziellen Reaktionen eingegangen, die derzeit als ausreichend gesichert gelten können und die im unmittelbaren Zusammenhang mit dem Geschehen des hämorrhagischen Schock stehen. Die Verwendung der Konzeption von den α- und β-Receptoren erscheint für die Interpretation der Versuchsergebnisse zweckmäßig, weil sie die Vielzahl der verschiedenen Reaktionen einzuordnen hilft. Der Autor ist sich dabei bewußt, daß den Receptoren bisher wenig anatomisches Substrat gegenübersteht, und daß ihr Wert möglicherweise solange zeitlich begrenzt ist, bis die exakte Natur der Regulationen und Gegenregulationen aufgedeckt ist. So hat dies der

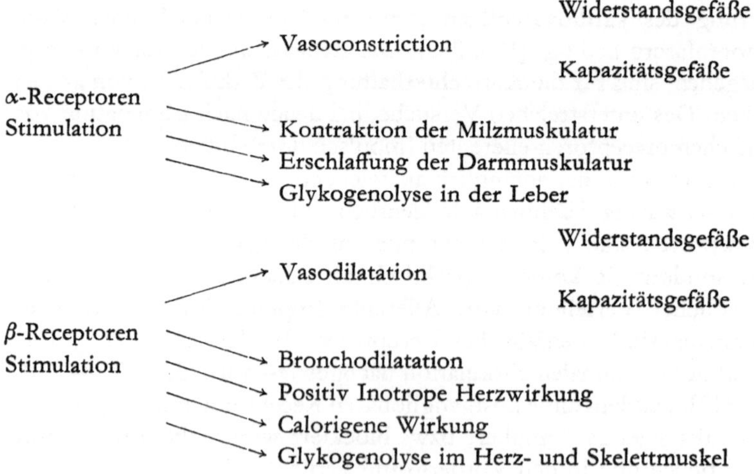

Abb. 2. Reaktionen der α- und β-Receptoren, die für den hämorrhagischen Schock von Bedeutung sind

Begründer der Theorie, AHLQUIST [8], vor einigen Jahren einmal ausgedrückt.

In der folgenden Übersicht werden die Wirkungen der adrenergen Receptoren zusammengefaßt. Die Angaben beziehen sich im wesentlichen auf eine Zusammenstellung von MUSCHOLL und RAHN [277] aus dem Jahre 1968. Sie berücksichtigen lediglich die Reaktionen, die für die Diskussion der Versuchsergebnisse von Interesse sind.

Von Bedeutung für die Anwendung blockierender Substanzen ist die unterschiedliche Verteilung der adrenergen Receptoren in den einzelnen Organen. Soweit bis heute bekannt ist, finden sich in den Widerstandsgefäßen des Skelettmuskels α- und β-Receptoren [277]. In den Kapazitätsgefäßen sollen die α-Receptoren überwiegen [121]. Die Lungengefäße enthalten beide Receptortypen [18], während in den Coronargefäßen vor allem des Hundes zwar beide vorkommen, die β-Receptoren jedoch entschieden überwiegen [18]. Die quantitative Erfassung der sich aus dieser Situation ergebenden unterschiedlichen Kreislaufregulationen ist schwierig. Ihre Wirkungen hängen sowohl vom basalen Gefäßtonus, als auch von der Stärke der adrenergen Stimulation ab. Außerdem spielen autoregulatorische Einflüsse, wie die lokale metabolische Azidose eine Rolle. Der basale Gefäßtonus wird durch den Kontraktionsgrad der Widerstandsgefäße charakterisiert, der nach Blockade der sympathischen Einflüsse übrigbleibt [155]. So lassen sich allgemein Gefäßabschnitte mit niedrigem basalen Tonus, wie z. B. die Haut, von Gefäßabschnitten mit hohem Tonus, wie die Skelettmuskulatur, das Gehirn und das Herz unterscheiden. Während die ersteren bei Druckveränderungen überwiegend durch die Stimulation der Receptoren beherrscht werden, zeigen die letzteren zusätzliche autoregulatorische Mechanismen, die eine Aufrechterhaltung der Durchblutung trotz verminderten arteriellen Druckes fördern. GREEN [155] hat die relative Potenz der Receptoren in verschiedenen Gefäßabschnitten bestimmt und gewinnt dabei folgende Resultate. Nach α-adrenerger Stimulation wird eine prozentuale Verminderung der Durchblutung unter Kontrollbedingungen für den Muskel um 45%, Mesenterialarterie 22%, Haut 20%, Niere 11% und Vena porta 45% gemessen. Unter dem Einfluß β-adrenerger Receptoren wird hingegen eine Zunahme der Durchblutung für das Herz 40%, Muskel 200%, Mesenterialarterie 75% und Haut 40% registriert [154, 155]. Diese wenigen Zahlen veranschaulichen welche Unterschiede in den adrenergen Reaktionen in einzelnen Gefäßabschnitten möglich sind.

3. Katecholamine

Bei der Erregung der adrenergen Receptoren werden die Katecholamine, bestehend aus Adrenalin und Noradrenalin, an den postganglionären sympathischen Nervenendigungen und im Nebennierenmark freigesetzt [111]. Ihre Konzentration im zirkulierenden Blut ist nach einer Hämorrhagie sowohl im großen Kreislauf [31], als auch im venösen Blut des Nebennierenmarks [331] erhöht. Beide Substanzen liegen bei Hunden in einem Verhältnis Adrenalin 75% zu Noradrenalin 25% vor. WATTS [390] findet bei einer Senkung des arteriellen Druckes auf 40 mmHg eine 50fache Zunahme von Adrenalin und eine 10fache Zunahme von Noradrenalin im peripheren Blut. Der Grad der Konzentrationszunahme von Adrenalin im Blut steht in direktem Zusammenhang mit dem Schweregrad der Hämorrhagie und der Höhe des arteriellen Druckes. Ein besonders steiler Anstieg der Adrenalinkonzentration wird bei Blutverlusten gesehen, die höher als 40 ml/kg liegen und bei einer Senkung des Blutdruckes unter 60 mmHg. Wie aus vergleichenden Untersuchungen im arteriellen und venösen Blut von Extremitäten hervorgeht, ist der Adrenalinabbau im hämorrhagischen Schock nicht wesentlich gestört [304, 390, 392]. Die erhöhte Katecholaminkonzentration im Schock wird daher auf eine vermehrte Sekretion zurückgeführt. Ein großer Anteil der posthämorrhagischen Katecholaminzunahme im Blut stammt aus dem Nebennierenmark [388].

Nach länger andauernder oligämischer Hypotension nimmt die Konzentration der zirkulierenden Katecholamine im Blut ab [157, 315, 391], womit die Rücknahme von Blut aus dem Reservoir einhergeht [315]. Während bei einer elektrischen Reizung der Receptoren die Noradrenalinsynthese mit der Freisetzung Schritt hält [112], sinkt der Katecholaminspiegel im Gewebe während des hämorrhagischen Schocks ab. Der Gehalt des Herzens, der Leber und der Milz beträgt etwa 1/3 des Normalen nach anhaltender hämorrhagischer Hypotension und anschließender Retransfusion [410]. Eine Verminderung um die Hälfte des Normalen finden HIFT und CAMPOS [196] im linken Ventrikel von anaesthesierten Hunden. Allgemein wird angenommen, daß die Verminderung besonders des Noradrenalins im Gewebe eine Folge der vermehrten Freisetzung durch die sympathische Stimulation ist. Hinweise für eine gestörte Noradrenalinsynthese unter den Verhältnissen einer metabolischen Acidose gibt es allerdings auch [104].

Kapitel III

Einflüsse physiologisch gesteigerter sympathischer Aktivität auf den hämorrhagischen Schock

Die physiologische Stimulierung des adrenergen Systems ist nur eine Antwort des Organismus auf den Stress in Gestalt der Hämorrhagie. Dabei bleibt die Rolle des Parasympathicus unberücksichtigt. Eine besondere Bedeutung in diesem Zusammenhang besitzen die endogenen Katecholamine. Da sie weder eine reine α- noch eine reine β-Stimulierung hervorrufen, ist die Einteilung ihrer Reaktionen nach der Receptorenspezifität an dieser Stelle nur bedingt möglich. Die Beurteilung der sympathischen Aktivität wird außerdem dadurch erschwert, daß als Folge der Hämorrhagie und der damit verbundenen sympathischen Stimulation metabolische Veränderungen entstehen [107, 239, 314] und humorale Substanzen frei gesetzt werden [240, 270, 294, 378, 414], die jeweils ihrerseits über lokale Reflexmechanismen die Reaktionsbereitschaft des Gefäß-Systems beeinflussen.

1. Herz

Die adrenergen Reaktionen am Herzen verlaufen in überwiegendem Maße über die hier dominierenden β-Receptoren, welche durch eine Hämorrhagie stimuliert werden. Die Herzfrequenz nimmt mit steigender Konzentration der Katecholamine im Blut infolge Beschleunigung der spontanen Depolarisation in den Schrittmacherfasern zu [200]. Die Tachykardie beginnt bei einem Blutverlust von mindestens 10% des Gesamtvolumens und wird bei sympathektomierten Tieren nicht beobachtet [60]. In Spätstadien des experimentellen hämorrhagischen Schock sinkt die Herzfrequenz ab, steigt nach Retransfusion an, um wiederum mit zunehmender Irreversibilität abzufallen [399, 412]. Die individuelle Variationsbreite ist sowohl bei Tieren wie bei Menschen groß [33, 309, 316, 323].

Der adrenerge Einfluß auf die Kontraktionskraft des Herzens ist besonders von Sarnoff und Mitchell [330] sowie von Rushmer [322] untersucht worden. Sie haben eine Zunahme der Spannungsentwicklung und der Faserverkürzung des Herzmuskels nachgewiesen, woraus ein Anstieg des Herzzeitvolumens resultiert. Die Ventrikelfunktionskurve wird durch die Stimulierung des Myokards nach links verschoben [168, 169]. Mit zunehmender Schocktiefe verschiebt sich die Kurve nach rechts [76, 77].

Die Veränderungen in der Contractionskraft korrelieren offenbar nicht mit der Herzfrequenz. Sie verändert sich aber in gleicher Richtung wie der arterielle Druck. So ist z.B. sein präterminales Absinken mit einer Abnahme der Contractionskraft verbunden [388]. Der durch die β-Stimulierung bewirkte positiv inotrope Effekt anläßlich einer Hämorrhagie kann wegen des verminderten venösen Rückflusses verdeckt werden. Die folgende Abbildung zeigt einen möglichen positiven Rückkoppelungsmechanismus, der, sofern er nicht durchbrochen wird, zum Herzversagen führt.

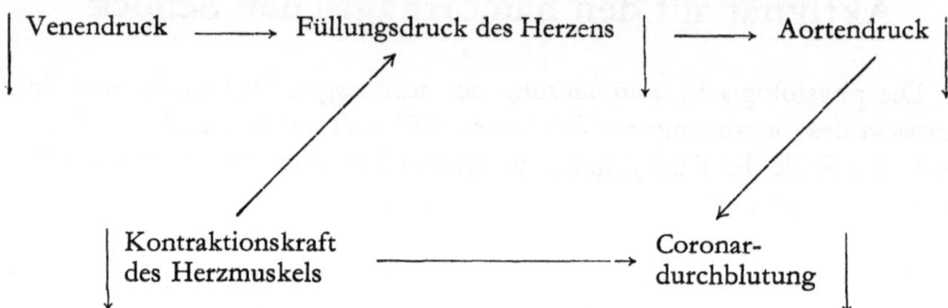

Abb. 3. Positiver Rückkoppelungsmechanismus

Zwei weitere Mechanismen wirken dem positiv inotropen Effekt des adrenergen Systems in Spätstadien des hämorrhagischen Schocks entgegen: 1. nimmt der Katecholamingehalt im Herzmuskel ab, was einer Verringerung der Effektivität sympathischer Impulse gleichkommt [69, 145, 146, 196, 410] und 2. verringert sich in acidotischem Milieu die Ansprechbarkeit des Herzmuskels [82, 388].

Den Einfluß der Hämorrhagie auf die Durchblutung der Coronargefäße hat vor allem Gregg [161] untersucht. Kurz nach dem Beginn der Blutung findet er eine intitiale Reduktion der Durchblutung bei erhöhtem coronaren Widerstand. Im weiteren Verlauf erholt sie sich jedoch teilweise bei gleichzeitiger Reduktion des Gefäßwiderstandes unter die Ausgangswerte. Im Prinzip sind diese Ergebnisse von anderen Untersuchern bestätigt worden [99, 100, 172, 202, 384]. Insgesamt darf man annehmen, daß über die andrenergen β-Receptoren im hämorrhagischen Schock eine Steigerung der Herzleistung hervorgerufen wird, die ihrerseits ein Mittel zur Behebung des eingetretenen Schadens darstellt. Bei länger andauerndem Stress dürfte die ständige Höchstleistung des Herzens zu Organschäden Anlaß geben, wie sie auch in terminalen Schockstadien nachgewiesen sind.

2. Widerstandsgefäße

Die sympathische Aktivität wirkt sowohl auf die Widerstands- wie auch auf die Kapazitätsgefäße regulierend [11, 123, 156]. Die Stimulation führt über die Freisetzung neurohumoraler Substanzen zur Vasoconstriction in den meisten Regionen des Organismus [240, 294, 378, 414]. Hierbei handelt es sich überwiegend um einen α-Receptoreneffekt. Die Folge ist ein erhöhter peripherer Widerstand, der allerdings nicht in allen Gefäßabschnitten gleichmäßig ansteigt, so daß er nur bedingt in Beziehung zur sympathischen Aktivität gesetzt werden kann. Im Verlaufe eines hämorrhagischen Schocks steigt der periphere Widerstand zunächst an, wobei mit Vertiefung des Geschehens ein Sinken der Werte festzustellen ist. Als Ursachen hierfür müssen in Betracht gezogen werden: 1. Die Freisetzung vasodilatierender Substanzen aus ischämischen Organen [319], 2. die Abnahme sympathischer vasoconstrictorischer Impulse [29, 251, 318], 3. die Verminderung des Katecholaminspiegels im zirkulierenden Blut [157, 245, 315, 391] und 4. das Refraktärwerden der Gefäße auf die Katecholaminwirkung [143, 190, 384, 388, 415], z. B. durch die Acidoseentwicklung [83, 184, 340, 395].

Regionale Unterschiede in der Vasoconstriction ergeben sich aus neurohumoraler Sicht wie folgt: 1. ist die sympathische Innervation in den einzelnen Organen unterschiedlich [154], 2. nicht alle Gebiete sind gleichmäßig innerviert [121] und 3. wird eine unterschiedliche Anhäufung von Stoffwechselendprodukten in den Geweben entsprechend der uneinheitlichen Vasoconstriction beobachtet [242, 267]. Der Effekt der Hämorrhagie auf die Durchblutung einzelner Regionen ist in den letzten Jahren mit den verschiedenartigsten Methoden untersucht worden [3, 59, 114, 358]. Die Ergebnisse sind nicht völlig einheitlich ausgefallen, wofür in erster Linie unterschiedliche Versuchsbedingungen verantwortlich sein dürften. Trotzdem erscheint der Anstieg des Widerstandes der Muskelgefäße in den Extremitäten im Anfangsstadium des Schocks [43, 46, 384] und sein Absinken nach prolongierter Oligämie [3, 46, 114] hinreichend untermauert. Der Gefäßwiderstand in der Leber [70, 81, 198, 337] und in den Mesenterialarterien [3, 46, 70, 81, 114, 335, 358] wird anfänglich vorwiegend erhöht gefunden. Mit zunehmender Schocktiefe ändert sich die Leberdurchblutung wenig, hingegen erhöht sich der Gefäßwiderstand in den Mesenterialgefäßen weiter [46, 70, 81, 245, 335]. Auch nach lang anhaltender hämorrhagischer Hypotension bleibt im Gegensatz zu den Gefäßen der Extremitäten der Gefäßwiderstand im Mesenterium und den Nieren erhöht. Einige Untersucher nehmen an, daß die Ursachen in regionalen Differenzen der sympathischen Vasoconstrictoreninnervation liegen [155].

3. Capillarsystem

Für den hämorrhagischen Schock spielt das Verhältnis zwischen dem prä- und postcapillären Widerstand eine besondere Rolle, da von ihm der transcapilläre Flüssigkeitsaustausch abhängt. Durch sympathische Aktivierung kann sowohl eine Constriction des prä- wie auch des postcapillären

Sphincters erfolgen [234, 266]. Während die Contraction beider die Durchströmung vermindert, verhält sich der hydrostatische Druck gegensätzlich. Eine Contraction des präcapillären Sphincters führt zu einer Abnahme und des postcapillären Sphincters zu einer Erhöhung desselben. Diesen Verhältnissen entsprechend ändert sich der transcapilläre Flüssigkeitsaustausch. Im frühen hämorrhagischen Schock wird bei gesteigerter sympathischer Aktivität ein Einstrom von extravasculärer Flüssigkeit in den intravasculären Raum bei Hunden beobachtet [5, 13, 60, 85, 87, 284, 385, 405]. Bei gleichmäßigen Tonusverhältnissen der Sphincteren wird der Einstrom von Gewebsflüssigkeit durch gleichzeitige Veränderungen des arteriellen und Venendruckes, des interstitiellen Flüssigkeitsdruckes und des capillären Filtrationskoeffizienten gesteuert [234]. Unter unbeeinflußten Bedingungen hält CHIEN [60] im Anfangsstadium der Hämorrhagie eine stärkere Contraction des präcapillären Sphincters für den wesentlichen Faktor. Nach anhaltender oligämischer Hypotension nimmt das zirkulierende Plasmavolumen ab. Der Beginn von Plasmaverlusten aus der Blutbahn stimmt im Experiment etwa mit dem Einsetzen des „uptake" überein [247, 405, 412]. Als Ursache dieses Phänomens kommt ein früheres Sinken des präcapillären gegenüber dem postcapillären Tonus in Frage. Nach MELLANDER [266, 267] stehen die kleinen Arterien, die Arteriolen und der präcapilläre Sphincter vorwiegend unter dem Einfluß metabolischer Faktoren, während der postcapilläre Sphincter und die Kapazitätsgefäße hiergegen resistenter scheinen und somit länger der nervalen Steuerung unterliegen. Der vasodilatierende Effekt oder mit anderen Worten die Bremsung der sympathischen Aktivität im Bereich des präcapillären Shincters geschieht über die lokale metabolische Acidose [242, 267]. Besonders bedeutsam sind diese Zusammenhänge im Schock für die intestinalen Gefäße [217]. Abschließend ist festzustellen, daß im Spätstadium des hämorrhagischen Schocks durch eine Störung des prä- und postcapillären Sphinctermechanismus der Prozeß der Dekompensation begünstigt wird. Die diesbezügliche Rolle der einzelnen adrenergen Receptoren wird in Kapitel VI erörtert.

4. Venensystem

Verglichen mit den Widerstandsgefäßen, bei denen lokale Faktoren einen zusätzlichen Einfluß besitzen, werden die Kapazitätsgefäße fast ausschließlich durch neurohumorale Vorgänge reguliert. Ihre Empfindlichkeit metabolischen Veränderungen gegenüber ist geringer [123]. Eine Reizung efferenter sympathischer Fasern sowohl von peripher [266], zentral [26], wie auch über kardiovasculäre Reflexe [9, 292, 296, 317] führt zur Contraction der Kapazitätsgefäße. Aus funktioneller Sicht resultiert daraus eine Kapazitätsänderung der Zirkulation und ein erhöhter postcapillärer Widerstand. Es gilt heute als erwiesen, daß die Kapazitätsgefäße α- und β-Receptoren enthalten [219]. Adrenalin und Noradrenalin bewirken Venoconstriction [7, 219, 289]. Welche Receptoren an diesen Reaktionen jedoch beteiligt sind, das scheint heute noch umstritten. Während einige Untersucher [98, 120, 216, 342] nach Reizung der β-Receptoren entsprechend der allgemeinen Vorstellung Venodilatation beobachten, sind die Ergebnisse der isolierten β-Stimulation mit Isoproterenol widersprüchlich. ECKSTEIN und HAMILTON [97] sowie KAISER [219] sehen nach Isoproterenolperfusionen am Vorderfuß des Hundes Venoconstriction. FOLKOW [120], SHARGEY und SCHÄFER [342, 343] sowie ABBOUD [409] dagegen beschreiben Venodilatation. Die Annahme, daß der normalerweise zwischen den α- und β-Receptoren existierende Antagonismus im Bereich des Venensystems aufgehoben sein soll, erscheint wenig plausibel. Eher ist zu vermuten, daß auch in diesen Gebieten die Receptoren unterschiedlich verteilt sind, und darauf die widersprüchlichen Ergebnisse beruhen. AHLQUIST [7] weist bereits 1959 auf uneinheitliche Reaktionen des Venensystems hin. HADDY [174] erzielt mit einem gleichen Stimulans in verschiedenen Gefäß-Segmenten unterschiedliche Reaktionen. Mit Hilfe von Messungen mit Jod^{131} finden WEIDNER und SIMEONE [394] nach Hämorrhagie als Zeichen eines reduzierten Blutgehaltes eine Abnahme der Radioaktivität über dem Splanchnicusgefäßgebiet von 60% und über reinen Muskelgefäßbezirken von 90% der Kontrollwerte. Mit steigender Dauer der oligämischen Hypotension kehrt sich die Situation um. Die Splanchnicuswerte steigen an, und die Werte über den Muskelbezirken fallen weiter ab. Diese z. T. durch Venodilatation verursachte Ansammlung von Blut, das sog. „pooling" ist von zahlreichen Untersuchern im Netz [373, 417], in der Leber [131, 345] und im Mesenterium [295] von Hunden nachgewiesen worden. Auch werden von den Pulmonalgefäßen ähnliche Kapazitätsveränderungen beschrieben [203]. Ohne Zweifel kommt solchen Mechanismen in Spätstadien des hämorrhagischen Schocks eine wesentliche Bedeutung zu.

5. Beeinflussung metabolischer Prozesse

Die Katecholamine und damit das adrenerge System steuern auch metabolische Vorgänge in den meisten Geweben und Organen. Ihr primärer Einfluß auf den Kohlenhydrat-, Fettstoffwechsel, Sauerstoffverbrauch und den Elektrolythaushalt gilt als erwiesen. Allerdings ist es im Schock sehr schwierig, secundäre Reaktionen und Folgeerscheinungen der Gefäßwirkungen der Katecholamine von echten Primärwirkungen zu trennen. An dieser Stelle sind die einzig biochemischen Angriffspunkte der Katecholamine zu besprechen, wobei sich die Frage stellt, ob derartige Reaktionen grundsätzliche Bedeutung für das Geschehen eines hämorrhagischen

Schockes besitzen. Nach CHIEN [61] verlaufen diese Vorgänge über die direkte elektrische Stimulation oder Reflexaktivierungen sympathischer Nerven. Durch die Entwicklung receptorenblockierender Substanzen sind überhaupt erst Einblicke in dieses Gebiet gewonnen worden. Nach LUNDHOLM [259] sprechen zahlreiche Befunde dafür, daß ein enger Zusammenhang zwischen den phosphorylase-aktivierenden Effekten der Katecholamine und ihren calorigenen, hyperglykämisierenden und vasodilatorischen Einflüssen vorliegt.

Zu den calorigenen Wirkungen gehört die für die allgemeine Schocksituation ungünstige Steigerung des Sauerstoffverbrauches, die für die Leber [27, 341, 363], den Skelettmuskel [110], den Herzmuskel [164, 374] und andere Organe nachgewiesen ist. Diese Reaktionen lassen sich durch eine β-Blockade verhindern [366]. Der Einfluß der Katecholamine auf den Kohlenhydratstoffwechsel ist im hyperglykämisierenden Effekt und in der Stimulation der Milchsäureproduktion erkennbar. Beim Menschen gelingt es durch gleichzeitige Blockade der α- und β-Receptoren den Hyperglykämieeffekt des Adrenalins aufzuheben. ANTONIS [14] glaubt, daß es unter Adrenalineinfluß über die Erregung der β-Receptoren in der Muskulatur zur Glykogenolyse und zum Anstieg der Blutmilchsäure käme, was wiederum infolge vermehrter Glykoneogenese aus Milchsäure in der Leber zur Hyperglykämie Anlaß gäbe. Gleichzeitig würden α-Receptoren in der Leber stimuliert, die eine Glykogenolyse fördern und über die Glucose-6-Phosphatase eine Abgabe der Glucose in die Zirkulation bedingen. Im Experiment sind diese Zusammenhänge von HYNIE [210] untermauert worden. Über die Bedeutung solcher Reaktionen für den Ablauf des hämorrhagischen Schocks ist bis heute wenig bekannt, da sie sich praktisch nicht isoliert von dem gesamten Schockgeschehen untersuchen lassen.

Kapitel IV

Auswirkungen zusätzlich medikamentös gesteigerter sympathischer Aktivität auf den hämorrhagischen Schock

Eine zusätzliche sympathische Aktivität wird in der Regel in Klinik und Experiment mit Hilfe von Sympathicomimetica hervorgerufen. Aufgrund der Receptortheorie lassen sich diese Substanzen in 3 Hauptgruppen einteilen: 1. die α-Stimulatoren (Noradrenalin), 2. die β-Stimulatoren (Isoproterenol) und 3. die α- und β-Stimulatoren (Adrenalin). Kurz zusammengefaßt sind folgende Wirkungen durch Stimulation der einzelnen Receptoren zu erzielen. Dabei wird auf die Nennung der primären metabolischen Auswirkungen verzichtet, da über ihre Bedeutung für den Ablauf des hämorrhagischen Schocks wenig bekannt ist. Das Interesse konzentriert sich somit auf ihre vasoaktiven Eigenschaften.

1. α-Stimulation

Substanzen wie Noradrenalin bewirken im Schock eine weitere Constriction der Widerstands- und Kapazitätsgefäße, wodurch der periphere Widerstand zusätzlich ansteigt und die extrakardiale regionale Durchblutung verschlechtert wird. Damit verbunden ist in der Regel die Verminderung des zirkulierenden Blutvolumens infolge Plasmaverlustes aus der Blutbahn. Die schon genannten Nachteile der sich hieraus entwickelnden Hämokonzentration sind unausbleiblich. Die durch die α-Stimulierung außerdem verursachte Verschiebung des Blutvolumens in Richtung zentrale Zirkulation, erkennbar im erhöhten Venendruck, endet in der kardiovasculären Katastrophe, wenn der Prozeß nicht unterbrochen wird.

2. β-Stimulation

Im Vordergrund der Wirkung der isolierten Stimulation der β-Receptoren steht der positiv inotrope, dromotrope und chronotrope Herzeffekt. Vor allem in Frühstadien erfährt das allgemeine Schockgeschehen durch den Anstieg der Herzleistung eine Besserung. In der Peripherie wird überwiegend die Constriction der Widerstandsgefäße vermindert, was sich klinisch in einer Erwärmung vor allem der Hautbezirke äußert. Die Frage, inwiefern die Verhältnisse der Mikrozirkulation im Schock tatsächlich verändert werden, ist umstritten und soll im Kapitel VIII eingehend erörtert werden. Aus langdauernder kardialer Stimulation erwächst die Gefahr der Entstehung von Kardiopathien [313] und Arrhythmien [25].

3. α- und β-Stimulation

Die Adrenalingabe im Schock führt zu einer Summation der genannten Wirkungen, wobei in geringer Dosierung die β-stimulierenden Reaktionen vorherrschen und mit steigender Dosis dann die α-stimulierenden Eigenschaften in den Vordergrund rücken. Bekanntlich gelingt es mit einer hohen Dosierung, den sog. Adrenalinschock zu erzeugen [129, 243, 275, 407]. Außerdem zeigen tierexperimentelle Erfahrungen, daß Tiere mit den Zeichen vermehrter sympathischer Aktivität, wie u.a. hoher Herzfrequenz, den hämorrhagischen Schock schlechter überstehen als umgekehrt [65, 307]. Ähnlich reagieren vor Schockversuchen stark erregte Tiere [56].

Sehr wesentlich erscheint also das Ausmaß der zusätzlichen adrenergen Stimulation. Gleichzeitig sind die Situation des betreffenden Organismus, die Art der Applikation der Substanz und das Stadium des Schocks zu berücksichtigen. In der Vergangenheit sind zahlreiche Versuche unternommen worden, durch zusätzliche adrenerge Stimulation die Überlebensraten nach hämorrhagischem Schock zu erhöhen. Die Ergebnisse sind außerordentlich unterschiedlich ausgefallen. Chien [61] findet bei den meisten Untersuchern, die Adrenalin für die Schockbehandlung angewendet haben, keine signifikanten Ergebnisse [59, 66, 91, 125, 142, 165, 177, 235, 364, 393]. Simeone [354] beobachtet eine Zunahme und Lillehei [245] eine Abnahme der Überlebensraten. Zusammenfassend scheinen trotz der nicht einheitlichen Ergebnisse heute folgende Leitsätze ihre Gültigkeit zu besitzen:

1. Eine exzessive, langfristige Stimulation der α- und β-Receptoren senkt die Überlebensraten im hämorrhagischen Schock.

2. Wird das Sympathicomimeticum sehr früh nach dem Auftreten der Hämorrhagie bei noch nicht vollständig entwickelter sympathischer Aktivität verabfolgt, so können die Überlebensraten verbessert werden.

3. Nach Ausbildung von Zeichen ausgeprägter sympathischer Stimulation senkt eine weitere Gabe eines Adrenalinabkömmlings die Überlebensraten.

Als positive Folgeerscheinungen einer allgemeinen zusätzlichen sympathischen Stimulation sind der positive inotrope Effekt auf den Herzmuskel mit der Zunahme des Herzzeitvolumens [124, 143, 241], der verbesserte venöse Rückfluß und die Erhöhung des arteriellen Druckes zu nennen.

Als negativ für das Schockgeschehen müssen folgende Reaktionen angesehen werden: die lange anhaltende positiv chronotrope Herzwirkung führt zur Verminderung der Herzleistung und zu Organschäden [40, 63, 173, 322, 323, 330], die anhaltende Vasoconstriction im Intestinum [198, 213, 215, 245] und in den Nieren [70, 126, 181, 213, 215, 245, 285] fördert die Entstehung irreversibler Schäden, die Freisetzung toxischer Substanzen im Splanchnicusgebiet [147], im Intestinum [44, 115, 116] und in der Leber [28, 105, 239, 347] wird vermutlich begünstigt, die Entwicklung der metabolischen Acidose und die Störungen im prä- und postcapillären Sphinctermechanismus mit zusätzlichen Plasmaverlusten aus der Blutbahn [91, 128, 371, 407] werden verstärkt.

Kapitel V

Möglichkeiten der adrenergen Blockade im hämorrhagischen Schock

1. Sympathektomie

Die chirurgische Sympathektomie, in der Klinik ein therapeutisches Mittel zur Verbesserung der Durchblutung bestimmter Gefäßabschnitte, ist experimentell bezüglich ihrer Wirksamkeit auf den hämorrhagischen Schock vielfach untersucht worden. Bei hoher, d.h. totaler Sympathektomie, wird einerseits eine verminderte Toleranz gegenüber Blutverlusten beobachtet [50, 368], andererseits hat jedoch FREEMAN [130] bereits 1938 nachzuweisen vermocht, daß diese Tiere einen begrenzten Blutverlust besser tolerieren als Kontrollgruppen. Über Ergebnisse mit partieller Sympathektomie besonders im abdominalen postganglionären Bereich bei Hunden berichtet BERGER [36, 37]. In seiner Versuchsanordnung wird eine hämorrhagische Hypotension von 6stündiger Dauer bis zu einem „uptake" von 40% nicht besser als von den Kontrolltieren vertragen. Hingegen erreicht PALMERIO [297] bei Hunden und Kaninchen günstigere Überlebensraten und verzeichnet nicht so schwere hämodynamische und metabolische Veränderungen. Ähnlich positive Ergebnisse werden nach paravertebraler Injektion von Xylocain erzielt [117].

2. Ganglienblockade

Sie erfolgt mit Hilfe der sog. Ganglienblocker, die die Reizübertragung in den Synapsen der vegetativen Ganglien spezifisch blockieren [228]. Ihr Einfluß auf den hämorrhagischen Schock läßt sich dahingehend zusammenfassen, daß die Überlebensraten im Experiment zwar überwiegend verbessert werden, dies jedoch auf Kosten eines verminderten Blutverlustes geschieht [144].

3. Psychopharmaka

Viele dieser Substanzen beeinflussen nicht nur die Funktion der Psyche, sondern bewirken ebenfalls Veränderungen im vegetativen Nervensystem.

In eigenen Untersuchungen am standardisierten hämorrhagischen Schock des Kaninchens ist der Einfluß des Psychopharmakons Chlorprothixen[2] untersucht worden [411]. Mit dieser Substanz vorbehandelte Tiere lassen nach Ablauf des Schocks weniger ausgeprägte metabolische Veränderungen im Blut erkennen als die Tiere, die ein Barbiturat erhalten hatten. Dieser Effekt wird auf die sympathicolytischen Eigenschaften des Chlorprothixens zurückgeführt. Allerdings wird die vor allem über die Hemmung der α-Receptoren erfolgte Verbesserung der Gewebsdurchblutung auf Kosten einer größeren Empfindlichkeit gegenüber akuten Blutverlusten erzielt.

4. Blockade mit α- und β-blockierenden Substanzen

Eine differenzierte Blockade der peripheren adrenergen Receptoren ermöglichen die sog. blockierenden Substanzen. Neben zahlreichen Verbindungen, die Mischeffekte hervorrufen, gelten als reine α-Blocker das kurzwirkende Phentolamin[3] und als Medikament mit protrahierter Wirkung das Phenoxybenzamin[4]. Diese Substanzen sind dadurch charakterisiert, daß sie bei genügend hoher Dosierung den Adrenalinumkehreffekt auslösen. Dieser Effekt fällt positiv aus, wenn es wegen der kompletten Blockade der α-Receptoren im Anschluß an eine Adrenalininjektion zu einer Blutdrucksenkung kommt. Die Vasodilatation erfolgt über die jetzt allein ansprechbaren β-Rezeptoren [288]. In den vorliegenden Untersuchungen ist wegen seiner protrahierten Wirkungsdauer ausschließlich Phenoxybenzamin verwandt worden.

Als reine β-Blocker sind in den letzten Jahren zahlreiche Verbindungen bekannt geworden. Sie unterscheiden sich bisher weniger in ihren β-blokkierenden Eigenschaften, als in ihren unspezifischen, nicht receptorengebundenen Nebenwirkungen. In den weiteren Ausführungen werden lediglich die Blocker Propranolol[5] und 39'089 Ba[6] berücksichtigt, da mit diesen Substanzen im experimentellen hämorrhagischen Schock eigene Erfahrungen gesammelt werden konnten [412].

α-Blockade. Im Jahre 1948 hat Wiggers [402] als erster den Einfluß der α-Blockade auf den hämorrhagischen Schock systematisch untersucht. Die von ihm seinerzeit verwendeten sehr hohen Dosen von α-Blockern sind später wesentlich reduziert worden und liegen heute durchschnittlich für das Phenoxybenzamin zwischen 0,5–1,0 mg/kg. Mit diesen Mengen

---

[2] Taractan
[3] Regitin
[4] Dibenzylin
[5] Inderal
[6] Trasicor

läßt sich keine komplette Blockade der α-Receptoren mehr erzielen. Der Adrenalinumkehreffekt fällt negativ aus. Die Wirkung der somit partiellen α-Blockade auf den Ablauf des hämorrhagischen Schocks ist nach den ersten Arbeiten von WIGGERS vielerorts untersucht worden [30, 149, 177, 212, 245, 250, 309, 310, 400]. Die Ergebnisse sind folgendermaßen zusammenzufassen. Nach α-Blockade, die sowohl vor dem Beginn des hämorrhagischen Schocks wie auch während desselben erfolgt ist, wird allgemein eine Verbesserung der Überlebensraten gegenüber den Kontrollgruppen beobachtet. Diese Tendenz ist, wie Chien [61] in einer kritischen Analyse nachgewiesen hat, nicht in allen Versuchsreihen statistisch signifikant [30, 250, 383, 402]. Abgesehen von einer Ausnahme haben alle Untersucher die Methode der Einstellung eines konstanten arteriellen Druckes angewendet. Unter diesen Bedingungen verlieren die Tiere in der Regel weniger Blut in das Reservoir als die Kontrollgruppe. In 3 Versuchsreihen ist, allerdings bei modifizierter Technik, der maximale Blutverlust in beiden Gruppen gleich groß [177, 286, 309]. Nur REMINGTON [309] erreicht bei gleichen Blutvolumina im Reservoir und bei Übereinstimmung der Entblutungszeiten mit der Kontrollgruppe günstige Ergebnisse. An Ratten [20, 22] und Kaninchen [355, 411] lassen sich diese Befunde bestätigen. Stets werden ein metabolischer Schutz und eine damit einhergehende Verbesserung der Überlebensraten auf Kosten eines kleineren durchschnittlichen Blutverlustes erzielt. Ursächlich ist hierfür die Verhinderung der Constriction weiter peripherer Gefäßabschnitte verantwortlich zu machen, die eine Verbesserung der Durchblutung solcher Gebiete mit sich bringt, die in Schockzuständen am stärksten von der Vasoconstriction betroffen werden. Dazu gehören in erster Linie die Bauchorgane [245]. So wird z.B. der Schockverlauf durch eine Förderung der Durchblutung der Leber [23, 127, 189] oder des Intestinum [244] in situ günstig beeinflußt. Der Verhinderung pathologischer Veränderungen im Splanchnicusbereich kommt nicht nur unter den besonderen Verhältnissen des Hundes eine Bedeutung für die Prognose des Schocks zu, sondern dies gilt auch für andere Spezies. Außerdem hemmen die α-Blocker indirekt die Entwicklung der metabolischen Acidose und die Anhäufung saurer Stoffwechselprodukte im Gewebe. Die Freisetzung toxischer Substanzen, welche vielfach als Ursache für die Irreversibilität diskutiert werden, scheint vermindert zu sein. Bedeutsam für die Vermeidung von Dekompensationserscheinungen im Schock ist die Hemmung der Constriction des postcapillären Sphincters. Die Meinungen über das Ausmaß dieses α-Blockereffektes gehen allerdings auseinander. Während CHIEN [61] den dominierenden Einfluß der α-Blocker auf die Widerstandsgefäße hervorhebt, sprechen die neueren Befunde von ABBOUD [2] für eine stärkere Vasodilatation des postcapillären Sphincters und der Venen. Damit würde auch die Tatsache übereinstimmen, daß die Kapazitätsgefäße empfindlicher als die Widerstandsgefäße auf die kontrahierende Wirkung der adrenergen Stimulation reagieren [123]. Die vermehrte Venodilatation würde ebenfalls den signifikant niedrigeren Blutverlust unter standardisierten Bedingungen des hämorrhagischen Schocks und den blutdrucksenkenden Effekt leichter verständlich machen. Auch würde daraus ein weiterer Schutzmechanismus der α-Blockade erklärbar, nämlich die vielfach nachgewiesene Zunahme des Plasmavolumens mit der verminderten Tendenz zur Hämokonzentration und zur Erhöhung der Blutviscosität. Mit einer Phenoxybenzamin-Gabe gelingt es bereits im Normalzustand ohne vorhergehenden Blutverlust, eine Zunahme des Plasmavolumens zu erzeugen [148, 226, 289, 403]. Schließlich werden vorteilhafte Einflüsse auf den Ablauf eines hämorrhagischen Schocks über durch α-Blockade bedingte Veränderungen des Ferritinsystems [21], der Parasympathicusinnervation [192] sowie über den Antihistamineffekt der α-Blocker [180] und die Verhütung der Lebervenensperre bei Hunden [39] beschrieben.

β-Blockade. Ausgehend von der Beobachtung, daß ein wirksamer Schutzeffekt durch α-Blockade im hämorrhagischen Schock in der überwiegenden Zahl der Fälle nur erzielt wird, wenn die Blockade vor dem Beginn des Schocks erfolgt und mit einem ausreichenden Flüssigkeitsersatz parallel geht, stellt 1967 Berk [39] das Postulat auf, daß das aktivierte adrenerge System nicht in allen Gefäßabschnitten vasoconstrictorische Eigenschaften entwickle, sondern daß es auch Anlaß zur Vasodilatation und zum „pooling" geben könne. Dem letzteren Umstand, also einer möglichen Folge der β-Stimulation, mißt er eine große Bedeutung für die Entwicklung schwerer irreversibler Schockzustände bei. Mit Hilfe von Hundeversuchen kann er nachweisen, daß eine Adrenalininfusion zu einer Erhöhung der Pfortaderdurchblutung und der Sauerstoffsättigung im Pfortaderblut, sowie in der Vena femoralis führt. Da diese Befunde im Gegensatz zu dem stoffwechselsteigernden Effekt und dem Einfluß auf die Vasoconstriction der Katecholamine stehen, schließt er auf die Eröffnung von arteriovenösen Shunts, die den Kreislauf schließen. Die somit verminderte Mikrozirkulation soll eine lokale Zunahme der Katecholaminkonzentration herbeiführen, die die a-v-Shunts öffnet. Während die arteriovenösen Kurzschlüsse in den Muskelbezirken ohne wesentliche schädigende Rückwirkungen sein sollen und im Gegenteil den Rückfluß zum Herzen sowie das Herzzeitvolumen steigern würden, käme es im Splanchnicusbereich zum „pooling" von Blut durch vermehrten Bluteinstrom und verminderten Abfluß. Der vermehrte Zufluß würde durch die Eröffnung der arteriovenösen Anastomosen verursacht, und der verminderte Abfluß entstünde aus der nachgewiesenen Contraction der hepatischen Venen unter erhöhtem Adrenalineinfluß. Gewebshypoxie, Anstieg des hydrostatischen Druckes von der venösen Seite her und eventuelle Endotoxinfreisetzungen wären die Folge. Die über die gleichzeitige α-Stimulation hervorgerufene periphere Vasoconstriction unterstützt diesen Prozeß insofern, als vermehrt Blut in das Splanchnicusgebiet und in die Lungenstrombahn gepumpt wird.

Die Möglichkeit der Eröffnung von arteriovenösen Anastomosen als Folge der Katecholaminwirkung auf die Capillaren im Spätstadium des Schocks wird durch weitere Befunde gestützt. So findet Remington [309, 310] mit Hilfe von Flow- und Widerstandsmessungen während der Hämorrhagie bei Hunden keine über den gesamten Organismus gleichmäßig verteilte Widerstandserhöhung der Gefäße, sondern bestätigt regionale Unterschiede. Selkurt [377, 339] kann während der hämorrhagischen Hypotension keine Widerstandserhöhung in den Splanchnicusgefäßen nachweisen und beobachtet nach Retransfusion eine deutliche Verminderung des Gefäßwiderstandes. In ähnlicher Weise soll die Lunge reagieren, da sie gleichfalls reich mit Kapazitätsgefäßen ausgestattet ist. Vermehrte Blutansammlungen nach hämorrhagischem Schock sind von Abel [4] bei Affen und im Endotoxinschock bei Hunden und Katzen von Gilbert [140] beschrieben worden. Gerst [138] weist darauf hin, daß nach Hämorrhagie Teile der Capillargefäße durch Kurzschlüsse von der Zirkulation ausgeschlossen werden. Verschiebungen der Blutvolumina in die Pulmonal- und Splanchnicusgefäßgebiete werden nicht selten nach extrakorporalem Kreislauf beobachtet [178, 245]. Während bei Hunden die schweren Gefäßveränderungen im Spätstadium eines hämorrhagischen Schocks bevorzugt im Bereich der Abdominalgefäße auftreten, scheinen sie sich bei Affen und auch beim Menschen vorwiegend in den Pulmonalgefäßen abzuspielen. Das mag einerseits mit anatomischen Unterschieden in den Endarterien der Intestinalorgane zwischen Hund und Mensch, und andererseits mit der für Hunde spezifischen Lebervenenconstriction im Schock zusammenhängen.

Bezüglich der Funktion und Anordnung der adrenergen Receptoren glaubt Berk [39], lägen keine wesentlichen Speziesdifferenzen vor, namentlich nicht für die α- und β-Receptoren. Da im Schock beide Receptorentypen stimuliert würden, entschiede über den Gesamteffekt unabhängig von der Spezies das Überwiegen des einen oder anderen Receptorentyps. Aus diesen Befunden schließt Berk, daß die katecholaminbedingten Veränderungen im Spätstadium des hämorrhagischen Schocks mit Hilfe einer β-Blockade unterbrochen bzw. verringert werden könnten. Tatsächlich gelingt es ihm [38], nach der Blockade der β-Receptoren mit Propranolol und unter gleichzeitiger Korrektur der Acidose, der Hypoglykämie sowie nach Verabfolgung von Calcium eine statistisch signifikante Zunahme der Überlebensraten nach hämorrhagischem Schock bei Hunden zu erzielen. Er sieht keine pathologischen Veränderungen im Bereich der Pulmonal- und Splanchnicusgefäßabschnitte.

In diesem Zusammenhang erscheinen Befunde erwähnenswert, die ENTMAN [108] nach β-Blockade mit Pronethalol im hämorrhagischen Schock erhoben hat. Durch die Verabfolgung dieses β-Blockers werden degenerative Veränderungen des Myokards, wie sie im Endstadium des experimentellen Schocks regelmäßig zu finden sind, verhindert. Der Untersucher hat weder subendokardiale Blutungen, noch die sog. „zonal lesions" gesehen und führt diese Befunde auf die Hemmung der β-Stimulation zurück. Aus metabolischer Sicht werden diese Ergebnisse durch das Ausbleiben von Enzymverteilungsstörungen nach β-Blockade im hämorrhagischen Schock bestätigt [258].

Diesen positiven Aussagen über den Wert der β-Blockade im hämorrhagischen Schock stehen die Erfahrungen zahlreicher Untersucher gegenüber, die vor einer Verwendung der β-Blocker im Schock warnen [54, 64, 205]. Sie fürchten vor allem die kardialen Effekte dieser Substanzen, die aus den negativ inotropen Eigenschaften resultieren. Ein Absinken der Herzkraft und des Herzzeitvolumens erscheint ziemlich sicher. Unter dem Einfluß von Propranolol treten bei HALMÁGYI [179] bereits während der Hämorrhagie Bradykardien und Arrhythmien auf, denen die Tiere in der Regel erliegen. Die bisher nicht sehr zahlreichen Ergebnisse über den Wert der reinen β-Blockade im hämorrhagischen Schock lassen sich folgendermaßen zusammenfassen. Die theoretische Grundlage für einen günstigen Effekt der β-Blockade auf den Ablauf des hämorrhagischen Schocks beruht auf der β-Rezeptorentheorie von BERK und bezieht sich auf die ungünstigen Auswirkungen einer β-Stimulation im Spätstadium des Schocks. Die negativ ino-, chrono- und dromotropen Eigenschaften der β-Blocker lassen trotz der genannten Schutzwirkungen einen ungünstigen Einfluß auf das allgemeine Schockgeschehen befürchten. Durch die Weiterentwicklung dieser Substanzen in den letzten Jahren sind allerdings die nicht receptorgebundenen kardiodepressiven Eigenschaften abgeschwächt worden, so daß möglicherweise hierdurch vorher verdeckte positive Auswirkungen auf die Peripherie jetzt eher zur Geltung gelangen können.

Schließlich stehen der Verwendung der reinen β-Blockade im Schock außerdem die Ergebnisse gegenüber, die mit der Stimulation der β-Rezeptoren gewonnen worden sind. Die entsprechende Substanz, das Isoproterenol, scheint die Vorteile der Sympathicomimetica mit ihren stimulatorischen Effekten auf das Herz und derjenigen der vasodilatierenden Substanzen wie der α-Blocker, miteinander zu vereinen und sich damit für eine effektive Schocktherapie anzubieten. Bei der klinischen Behandlung kardiogener und septischer Schockzustände sind zunächst auch mehrheitlich günstige Ergebnisse gesehen und beschrieben worden [51, 92, 113, 221, 237].

Den Einfluß der β-Stimulation auf den hämorrhagischen Schock hat vor allem BAUE [25] untersucht. Der positiv inotropen Wirkung dieser Substanzen entsprechend registriert er eine Zunahme des Herzzeitvolumens, der Herzfrequenz und der Herzkraft. Der totale periphere Widerstand wird herabgesetzt, wobei die Hämatokritwerte anfänglich steigen und später leicht absinken sollen. Die Durchblutung der Arteria mesenterica superior bleibt unverändert. Der allgemeine Sauerstoffverbrauch wird im hämorrhagischen Schock verglichen mit den Kontrollgruppen erhöht gefunden, was als ein Zeichen des verbesserten O_2-Transportes oder der calorigenen Wirkung der β-Stimulation aufzufassen ist. Im Zusammenhang mit der vermehrten Herzleistung ist der O_2-Verbrauch auch des Herzens erhöht und verhält sich der Herzfrequenz proportional, wie WINTERSCHEID festgestellt hat [406].

Trotz der günstigen zirkulatorischen Verhältnisse entwickelt sich jedoch eine metabolische Acidose, die an der Effektivität dieser Kreislaufbedingungen Zweifel aufkommen läßt. Bei BAUE [25] ist die Acidose etwas weniger ausgeprägt unter der β-Stimulation als in der Kontrollgruppe, bei SMITH [359] erreicht sie den gleichen Schweregrad. In der Versuchsserie von BAUE scheint die Überlebensrate nach Isoproterenol etwas günstiger. Der Unterschied zur Kontrollgruppe ist jedoch nicht statistisch signifikant.

GREGA [158] allerdings erzielt unter ähnlichen Voraussetzungen bessere Überlebensraten. Als relativ häufige Komplikationen nach experimenteller β-Stimulation kommen bronchopulmonale Störungen mit den Zeichen einer vermehrten Bronchialsekretion [25], Myokardnekrosen [396] und ventriculäre Arrhythmien [25] vor.

ABBOUD [2] und ECKSTEIN [98] haben nachweisen können, daß unter dem Einfluß der β-Stimulation überwiegend die Arterien und der präcapilläre Sphincter dilatiert werden, ohne daß entsprechende Reaktionen im Bereich des postcapillären Sphincters und der Kapazitätsgefäße zu verzeichnen wären. Theoretisch sollte es daher unter der β-Stimulation im späten Schock zu einer Zunahme des capillären Filtrationsdruckes und damit zu einem Austritt von Flüssigkeit in das Gewebe kommen. Diesem Mechanismus ist eine besondere Aufmerksamkeit im Spätstadium des Schocks zu schenken.

Kapitel VI

Versuchsergebnisse

1. Fragestellung

Der experimentelle Teil der vorliegenden Arbeit befaßt sich mit den Auswirkungen verschiedener adrenerger Blockaden auf den Ablauf des standardisierten hämorrhagischen Schocks. Die Experimente werden mit einem orientierenden Faktorenversuch an 48 Kaninchen eingeleitet. Mit Hilfe dieser Versuchsanordnung soll zunächst ein Überblick über die verschiedenen Formen der adrenergen Blockade gewonnen werden, und gleichzeitig bietet sich die Möglichkeit, optimale Dosierungen für die weiteren Versuche festzulegen. Auf der Grundlage dieser Ergebnisse werden dann in 5 Versuchsreihen an Hunden die einzelnen Blockaden auf ihr Verhalten hin im hämorrhagischen Schock geprüft. Dabei liegt das Hauptgewicht der angewandten Untersuchungsmethoden auf der Verfolgung von Veränderungen des Säure-Basenhaushalts, der O_2-Sättigungen, des Lactats, Pyruvats und der Glukose im Blut, sowie des Blutvolumens. Die kardiale Situation wird speziell am Ende der Beobachtungsperiode durch Blutentnahmen aus dem Sinus coronarius untersucht. Den Abschluß der Experimente bilden 2 Versuchsreihen an Hunden, mit deren Hilfe eine Antwort auf Einzelfragen der Gesamtproblematik gesucht wird. Dabei handelt es sich im Besonderen um die Fragen nach dem Verhalten der Tiere unter den Standardbedingungen bei einem konstanten Blutverlust, der der Gruppe der kombiniert Blockierten am nächsten kommt, und bei reiner β-Stimulation.

2. Material und Methodik

Das Versuchsprogramm ist der Übersicht halber in der folgenden Tabelle 1 zusammenfassend dargestellt.

Bei den Kaninchen, die für die Versuche verwendet werden, handelt es sich um Bastardtiere, die bis zum Beginn des Versuches freien Zugang zum Wasser erhalten. Für die Hundeexperimente werden gesunde, nicht ausgewählte, erwachsene Bastardhunde benutzt. Die bis zum Abend vor dem Versuch normal gefütterten Tiere erhalten Wasser bis 2 Std vor Versuchsbeginn. Ihre Zuteilung zu den einzelnen Experimenten erfolgt zufällig.

Narkoseverfahren. Kaninchen: Intravenöse Applikation von 30 mg/kg Pentobarbital[7]. Spontanatmung.

Hunde: nach Einleitung der Narkose mit 30 mg/kg Pentobarbital[7] i.v. und Relaxierung mit Gallamine-Trijodo-Ethylate[8] 2 mg/kg werden die Tiere intubiert und mit einem Gasgemisch von $N_2O : O_2 = 3 : 1$ über den Lundia-Respirator künstlich ventiliert. Das Atemvolumen bleibt über die ganze Dauer des Versuches konstant und beträgt 0,4–0,5 l/kg pro Atemstoß.

Das Grundmodell des hämorrhagischen Schocks ist schematisch in der Abbildung 4 dargestellt. Die Hypotension von 40 mmHg wird durch Entbluten des Versuchstieres in das Reservoir erzeugt. Da sich das Reservoir

Tabelle 1. *Das Versuchsprogramm. Durchschnittliche Körpergewichte der 48 Kaninchen 2,900 kg (2,750–3,050) und der 74 Hunde 21 kg (17–25). Vertrauensbereiche zu 95%*

Gruppe	Tierart	Anzahl	Art des Versuches	Medikation (mg/kg, i.v.)
1	Kaninchen	48	Faktorenversuch	Phenoxybenzamin [a] 0,0, 1,0, 2,5, 4,0 39'089 Ba [b] 0,00, 0,10, 0,15, 0,20 (alle Kombinationen, 16 Gruppen)
2	Hunde	18	Kontrolle	Keine
3	Hunde	6	α-Blockade	Phenoxybenzamin 4,0 (45 min vor Schockbeginn)
4	Hunde	12	β-Blockade	39'089 Ba [b] Init. Dosis 0,15, Erhalt. Dosis 0,05/30 min
5	Hunde	12	β-Blockade	Propranolol [c] Init. Dosis 0,15, Erhalt. Dosis 0,05/30 min
6	Hunde	18	Kombinierte Blockade	Phenoxybenzamin [a] 1,0 39'089 Ba [b] Init. Dosis 0,10, Erhalt. Dosis 0,05/60 min
7	Hunde	5	Kontrolle	Keine (konstanter Blutverlust)
8	Hunde	8	β-Stimulation	Isoproterenol [d] Init. Dosis 0,005, Erhalt. Dosis 0,0025/60 min

[a] Dibenzylin [b] Trasicor [c] Inderal [d] Alupent

---

[7] Nembutal

[8] Flaxedil

etwa 50–60 cm über der Herzebene befindet und seine Verbindung zum Gefäß-System des Tieres während des Versuches offen bleibt, erfolgt die Konstanthaltung des arteriellen Druckes selbsttätig durch Herausgeben, bzw. Aufnehmen von Blut. Gleichzeitig ist in der Abbildung 4 das Verhalten der Blutmenge im Reservoir unter Kontrollbedingungen aufgezeichnet. Das Stadium der Dekompensation ist u.a. zu dem Zeitpunkt erreicht, an dem das Tier Blut aus dem Reservoir zurücknehmen muß, um den arteriellen Druck von 40 mmHg aufrechterhalten zu können. Die spontane Rücknahme von Blut aus dem Reservoir wird als „uptake" bezeichnet, und ein Versuch gilt als beendet, wenn $^1/_3$ des Reservoirblutes zurückgenommen worden ist. Den Kaninchenversuchen liegen die gleichen Prinzipien zugrunde. Nur ist bei ihnen die Dauer des Versuches zeitlich festgelegt. Innerhalb der hier angewandten 30 min Hypotension tritt daher in der Regel das „uptake" nicht ein.

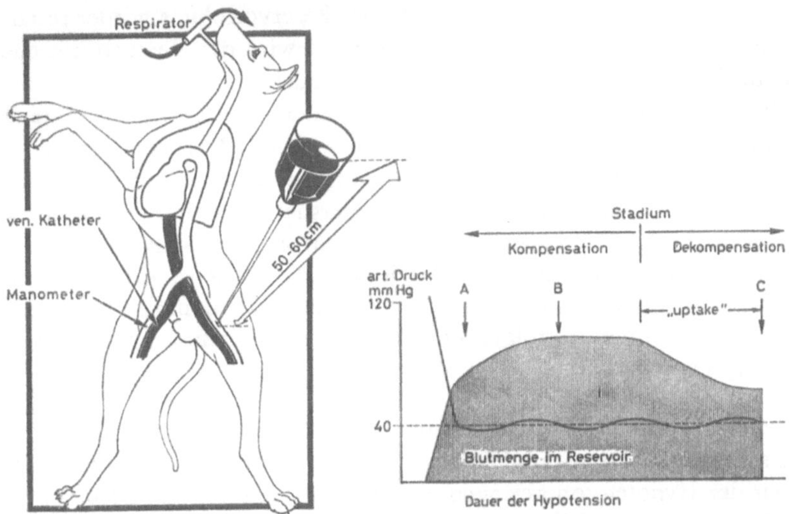

Abb. 4. Schematische Darstellung des Grundmodells und das Verhalten des Blutverlustes unter Kontrollbedingungen bei einem arteriellen Mitteldruck von 40 mmHg. A: Initialer Blutverlust; B: Maximaler Blutverlust; C: Zeitpunkt nach Rücknahme von $^1/_3$ des Reservoirblutes

Operative Maßnahmen. Bei den in Rückenlage fixierten Kaninchen werden Art. und Vena fem. re. mit einem Plastikkatheter kanüliert. Die Katheter werden bis in die Aorta abdom. bzw. in die Vena cava inf. hochgeschoben. Die Heparinisierung geschieht mit 1500–2000 USP-E Heparin[8], das in 1,5 ml NaCl verdünnt i.v. verabreicht wird.

Bei den Hunden wird jeweils über einen Nebenast der Art. und Vena fem. re. ein nicht okkludierender Plastikkatheter bis in die Aorta abdom.

bzw. Vena cava inf. hochgeführt. In die li. Art. fem. wird eine akkludierende Metallkanüle eingelegt, die mit dem Reservoir in Verbindung steht. Nach der spontanen Rücknahme von $^1/_3$ des Reservoirblutes erfolgt in den Versuchsreihen 2, 3, 4 und 6 eine rechtsseitige Thorakotomie, und ein nicht verschließender Katheter wird durch den re. Vorhof in den Sinus coronarius für die Entnahme von Blut eingeführt. Alle Versuchstiere erhalten 5000–8000 USP-E Heparin[9].

Versuchsanordnung und Verlauf. In den Kaninchenversuchen wird nach der Entnahme von Blut für die Kontrollbestimmungen der art. Katheter über einen Dreiwegehahn mit dem „Braun Melsungen" Perfusor Apparat und im Nebenschluß mit dem Hg-Manometer verbunden. Die durch den Blutentzug mit einer Geschwindigkeit von 5 ml/min bis zu einem art. Mitteldruck von 40 mmHg erzeugte hämorrhagische Hypotension wird mit Hilfe der Reservoirtechnik 30 min hindurch aufrechterhalten, bevor nach erneuter Kontrolle der Meßkriterien $^2/_3$ des Reservoirblutes wieder retransfundiert werden. Nach Ablauf weiterer 3 Std wird der Versuch mit einer nochmaligen Bestimmung der Meßwerte beendet.

Bei den Hunden wird nach der Bestimmung der Ausgangswerte die hämorrhagische Hypotension durch Entbluten in das Reservoir bis zu einem art. Mitteldruck von 40 mmHg eingeleitet. Die jeweiligen Substanzen werden vor Versuchsbeginn in der im Versuchsprogramm angegebenen Weise verabfolgt. Unter regelmäßiger Kontrolle der Meßkriterien wird die art. Hypotension mit Hilfe der Reservoirtechnik so lange aufrechterhalten, bis spontan $^1/_3$ des Reservoirblutes zurückgenommen worden ist. Zu diesem Zeitpunkt erfolgen die zusätzlichen Entnahmen von Blut aus dem Sinus coronarius.

Meßkriterien und Analysenmethoden. Neben der kontinuierlichen Registrierung des Druckes und der Blutmenge im Reservoir, sowie der Dauer der Hypotension gelangen nachstehende Analysemethoden zur Anwendung: Hämatokritbestimmung mit der „Ecco Quick" Zentrifuge in 75 mm Glascapillaren bei 15000 Umdrehungen/min für 2 min, Bestimmung von pH, pCO_2 und Base Excess in mval/l der Radiometerausrüstung nach der Methode von ASTRUP und SIGGARD-ANDERSEN [351], Ermittlung der art. und ven. prozentualen O_2-Sättigung mit dem Interferenzfilter-Photometer OSM 1 (Radiometer), modifiziert nach LUNDSGAARD-HANSEN [259] und EHRENGRUBER [101], die enzymatische Analyse von Lactat und Pyruvat in mM/l nach der Methode von HOHORST [201] und BÜCHER [53], sowie modifiziert nach RICHTERICH [312] mit gleichzeitiger Berechnung des Excess Lactat nach HUCKABEE [207, 208], und die

[9] Liquemin

Bestimmung der Blutglukose mit der Glukose Oxydase/Peroxydasemethode (Boehringer).

Die Bestimmungen des zirkulierenden Blutvolumens in den Versuchsgruppen 2, 6, 7 und 8 erfolgen über Cr^{51}-markierte Erythrocyten. In jedem Experiment werden 2 Messungen ausgeführt, und zwar vor dem Beginn der Blutung und nach 4–5stündiger Dauer der Hypotension. Das totale Blut- und Plasmavolumen werden durch Umrechnung über den Ganzkörperhämatokrit (art. Hämatokrit $\times$ 0,91) ermittelt. Nach der Injektion der markierten Erythrocyten werden bei den Blutentnahmen zur Bestimmung der Radioaktivität Abstände von 3, 6, 12 und 20 min eingehalten. Aufgrund eigener Erfahrungen [413] und der Ergebnisse anderer Untersucher [375] sollten diese Zeitabstände ausreichen, um Fehler infolge mangelhafter Durchmischung zu vermeiden. Während der Blutvolumenbestimmungen ist die Verbindung zwischen dem Tier und dem Reservoir unterbrochen.

Statistische Auswertung der Ergebnisse. Für die Ergebnisse der Versuchsreihe 1 kommt die Varianzanalyse zur Anwendung. In diesem Falle handelt es sich um einen 2^4-Faktorenversuch. Jede mögliche Kombination der Behandlungsverfahren wird dreifach wiederholt. Die mit Hilfe eines Computers durchgeführte Berechnung ergibt Aufschluß sowohl über die Hauptwirkungen der 4 verschiedenen Dosierungen der Blocker, als auch über eventuelle Wechselwirkungen. Die Beziehungen werden mit einer Wahrscheinlichkeit von $p < 0{,}01$ bzw. p 0,05 angegeben.

Für die Beurteilung der Dauer der einzelnen Schockperioden der Hundeversuche gelangt der Chiquadrat-Test bzw. der exakte Test von R. A. Fisher zur Anwendung. Die Beurteilung mit Hilfe des t-Testes erscheint weniger sinnvoll, da die Streuungen in den genannten Gruppen untereinander merklich verschieden sind. Der Chiquadrat-Test vergleicht die mittlere Lage jeweils zweier Gruppen, wobei für jede Gruppe der Zentralwert bestimmt und danach die Anzahl der Einzelwerte jeder Gruppe ermittelt wird, die den gemeinsamen Zentralwert über- bzw. unterschreitet. Die in dieser Weise gewonnenen 4 Zahlen können dann nach einem Test zur Beurteilung von Vierfeldertafeln auf ihre Signifikanz hin geprüft werden [248].

Um eine einheitliche Beurteilung der verschiedenen Schockverläufe in einer Serie zu gewährleisten, werden aus sämtlichen einander entsprechenden Meßwerten die Mittelwerte und die Vertrauensbereiche zu 95% errechnet. Sich nicht überschneidende Vertrauensintervalle zweier Durchschnitte sind somit voneinander signifikant verschieden bei einer Sicherheitsschwelle von 5% ($p < 0{,}05$).

Für die Auswertung der Meßergebnisse des Hämatokrits ist allerdings wegen der Unterschiedlichkeit der Ausgangswerte die Anwendung der

Paarenanalyse angezeigt. Hierbei werden jeweils die Differenzen zwischen zwei Entnahmezeiten gebildet und von diesen dann in üblicher Weise Durchschnitte, mittlere Fehler des Mittelwertes und Vertrauensbereiche zu 95% berechnet. So gelingt es, die Einflüsse unterschiedlicher Ausgangswerte auszuschalten.

3. Ergebnisse

Gruppe 1, Faktorenversuch. An 48 Kaninchenversuchen werden die Auswirkungen der in 4 verschiedenen Dosierungen angewandten α- und β-Blockade, und deren Kombinationen miteinander untersucht. Für die insgesamt 16 Versuchsgruppen zu je 3 Tieren ergeben sich nach dem Ablauf der standardisierten hämorrhagischen Hypotension die in den Abbildungen 5–8 und in der Tabelle 2 zusammengefaßten Resultate. Unter der Bedingung eines konstanten arteriellen Druckes und bei gleicher Dauer der Hypotension wird ein verschieden hoher Blutverlust, woraus ein unterschiedlicher Kreislaufstress resultiert, beobachtet (Abb. 5). Deutlich wird der Trend erkennbar, daß mit steigender Dosierung des α-Blockers der Blutverlust in das Reservoir unter den gegebenen Bedingungen abnimmt. Diese mit $p < 0{,}01$ gesicherte Tendenz ist bei den β-Blockaden nicht zu

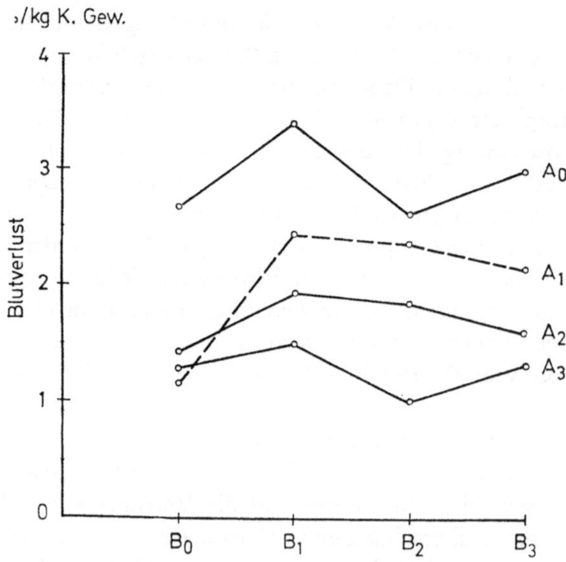

Abb. 5. Der Faktorenversuch. Die Abhängigkeit des Blutverlustes nach standardisierter hämorrhagischer Hypotension von der Art der adrenergen Blockade. A_0, A_1, A_2, A_3 = 0,0, 1,0, 2,5, 4,0 mg/kg Phenoxybenzamin. B_0, B_1, B_2, B_3 = 0,0, 0,1, 0,15, 0,2 mg/kg 39'089 Ba

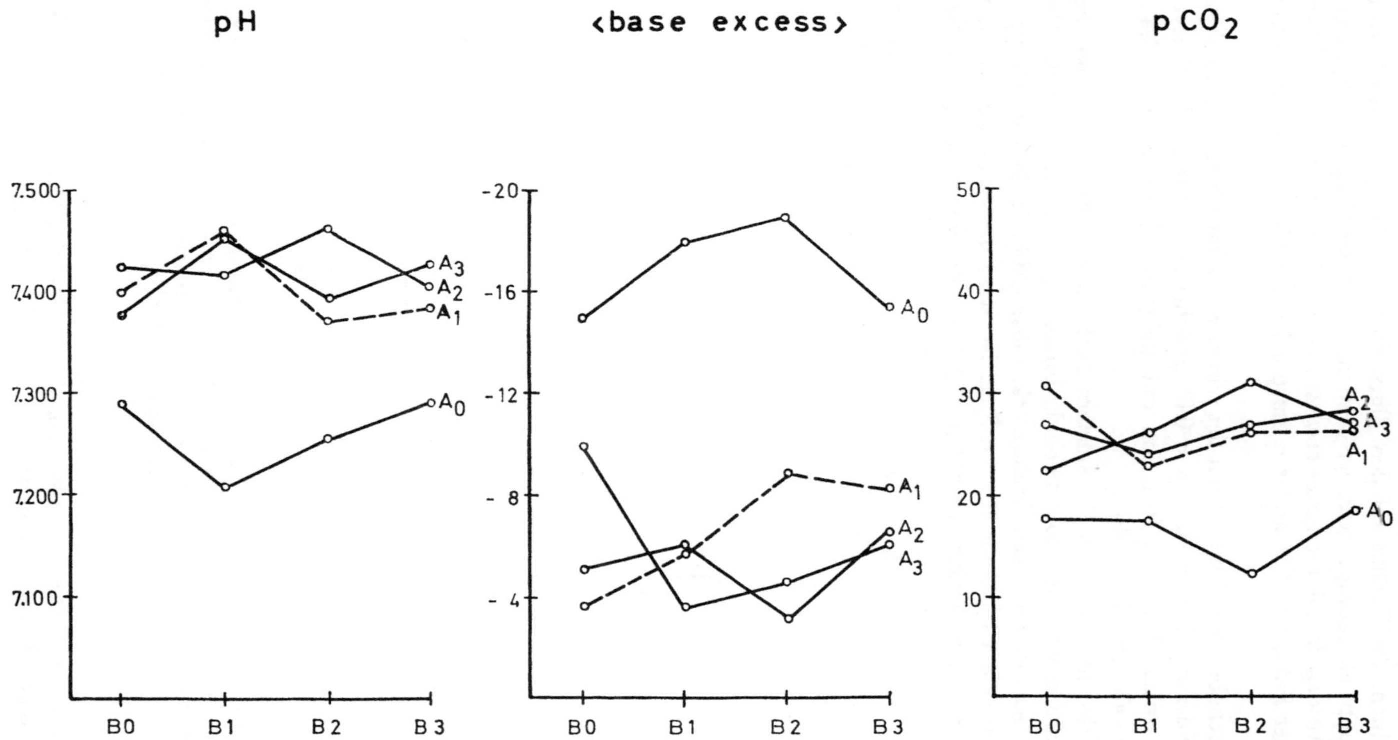

Abb. 6. Der Faktorenversuch. Die Ergebnisse des Säure-Basenhaushaltes am Ende der 30minütigen hämorrhagischen Hypotension. A_0, A_1, A_2, A_3 = 0,0, 1,0, 2,5, 4,0 mg/kg Phenoxybenzamin. B_0, B_1, B_2, B_3 = 0,0, 0,1, 0,15–0,2 mg/kg 39'089 Ba

beobachten. Ihr Einfluß auf den Blutverlust muß bezogen auf die Kontrollgruppe als gering bezeichnet werden. Ein in der Gruppe A_0/B_1 gemessener Anstieg des Blutverlustes erweist sich als nicht statistisch signifikant, da dieser Einfluß in den anderen entsprechenden Gruppen nicht erhalten bleibt.

Gegenüber den Gruppen mit der reinen α-Blockade führt die Kombination beider Blocker zu einer $p < 0{,}05$ gesicherten Zunahme des Blutverlustes, wobei sich diese Reaktion mit steigender Konzentration des α-Blockers abschwächt (Abb. 5).

An den metabolischen Parametern nach Ablauf der hämorrhagischen Hypotension wird der dominierende Einfluß der α-Blocker auf die Verhütung der metabolischen Acidose erkennbar (Abb. 6). In allen Gruppen, in denen eine α-Blockade mit im Spiel ist, wird-die Acidoseentwicklung gehemmt. Diese Tendenz ist mit $p < 0{,}01$ für die Werte pH, pCO_2, Base Excess und den L/P-Quotienten gesichert.

Hingegen entwickelt sich in der Kontrollgruppe (A_0/B_0) und unter der isolierten β-Blockade eine ausgeprägte metabolische Acidose (Abb. 6 und 7).

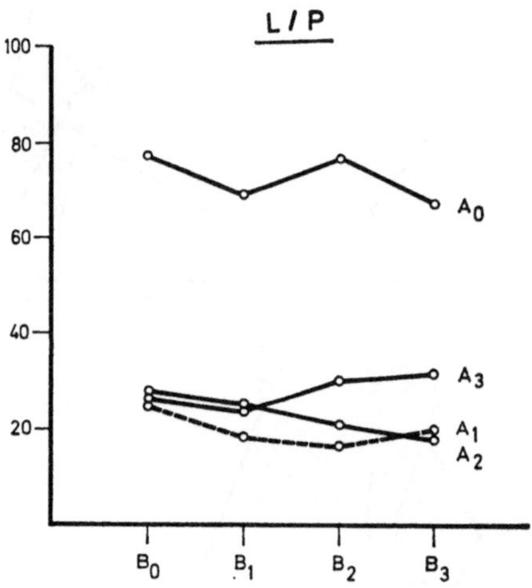

Abb. 7. Der Faktorenversuch. Die metabolische Situation am Ende der hämorrhagischen Hypotension, charakterisiert durch den Laktat:Pyruvat Quotienten. $A_0, A_1, A_2, A_3 = 0{,}0,\ 1{,}0,\ 2{,}5,\ 4{,}0$ mg/kg Phenoxybenzamin. $B_0, B_1, B_2, B_3 = 0{,}0,\ 0{,}1,\ 0{,}15,\ 0{,}2$ mg/kg 39'089 Ba

Weitere Aspekte ergeben sich aus der Analyse der Meßwerte, die 3 Std nach erfolgter Retransfusion gewonnen worden sind (Tab. 2).

Tabelle 2. *pH und Base Excess 3 Std nach Retransfusion in den Gruppen mit reiner α-Blockade und einer der Gruppen mit kombinierter Blockade. Mittelwerte und Vertrauensbereiche zu 95%*

	α-Blockade mg/kg			Komb. Blockade mg/kg
	1,0	2,5	4,0	1,0 α/0,1 β
pH	7,323	7,345	7,255	7,447
	(7,315–7,331)	(7,301–7,389)	(7,215–7,295)	(7,402–7,492)
BE	—8,9	—8,5	—11,5	—2,1
	(8,3–9,5)	(7,8–9,2)	(10,5–12,5)	(1,1–3,1)

Der Übersicht halber sind in der Tabelle 2 lediglich die Durchschnittswerte von den 4 Gruppen aufgeführt, die für diese Problematik am bedeutsamsten sind. Sie lassen erkennen, daß sich der Zustand der Tiere unter reiner α-Blockade im Verlaufe der 3stündigen posthämorrhagischen Phase nicht gebessert hat, stattdessen ist eher eine mäßige Verschlechterung der metabolischen Situation eingetreten. Im Gegensatz hierzu sind die an-

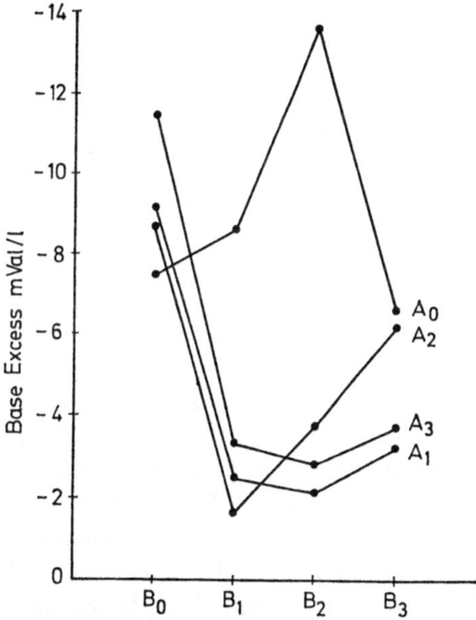

Abb. 8. Der Faktorenversuch. Das Verhalten des Basendefizites zeigt 3 Std nach Ablauf der hämorrhagischen Hypotension eine positive Wechselwirkung zwischen dem α- und β-Blocker. A_0,A_1,A_2,A_3 = 0,0, 1,0, 2,5, 4,0 mg/kg Phenoxybenzamin. B_0,B_1,B_2, B_3 = 0,0, 0,1, 0,15, 0,2 mg/kg 39′089 Ba

geführten Meßkriterien unter der kombinierten Blockade nahezu wieder normalisiert. Dem entspricht das Verhalten der Tiere, die sich unter dem Einfluß der kombinierten Blockade schneller erholen. Diese Unterschiede sind gleichfalls signifikant ($p < 0,05$).

Schließlich ergibt sich unter anderem für den Base Exceß eine mit $p < 0,05$ gesicherte Wechselwirkung. Sie ist in der Abbildung 8 dargestellt und besagt, daß die Wirkungen der beiden Blocker voneinander nicht unabhängig sind. Die Situation der Tiere mit isolierter α- und β-Blockade ist 3 Std nach Ablauf der hämorrhagischen Hypotension bezüglich des Base Exceß ungünstiger als die der kombiniert blockierten Tiere.

Als optimal erweist sich die Kombination der kleinsten Dosis β-Blocker (B_1) mit dem α-Blocker.

Gruppe 2, Kontrollversuche. In 18 Experimenten wird der unbeeinflußte Verlauf des standardisierten hämorrhagischen Schocks an Hunden untersucht. Der initiale Blutverlust zur Senkung des arteriellen Druckes auf 40 mmHg beträgt 39,6 ml/kg (34,1–44,7), Vertrauensbereich zu 95%. Der maximale Blutverlust in das Reservoir wird in dieser Gruppe nach Ablauf von durchschnittlich 3 Std der Hypotension erreicht und liegt bei 48,9 ml/kg (45,0–52,8). Die spontane Rücknahme von Blut aus dem Reservoir zur Aufrechterhaltung des arteriellen Mitteldruckes von 40 mmHg setzt durchschnittlich nach $3^1/_2$ Std Schockdauer ein, wobei nach $5^3/_4$ Std $^1/_3$ des maximalen Blutverlustes spontan zurückgenommen worden ist (Abb. 9).

Mit steigendem Blutverlust entwickelt sich eine schwere metabolische Acidose. Sie ist erkennbar an den tiefen, bis auf 7,100 absinkenden pH-Werten und am Anstieg des Basendefizites auf durchschnittlich 17 mval/l (Abb. 9). Gleichzeitig fällt die prozentuale O_2-Sättigung in der Vena cava inf. von etwa 80% auf 20–25% ab. Der venöse pCO_2 steigt von durchschnittlich 38 mmHg auf 60 mmHg an (Abb. 10). Die art. O_2-Sättigung bleibt über die gesamte Dauer des Versuches konstant um 90% unter den Bedingungen der künstlichen Ventilation. Auch die art. pCO_2-Werte verändern sich nur wenig und liegen um 27 mmHg. Bis zum Erreichen des maximalen Blutverlustes steigt der Glukosespiegel im art. Blut steil bis auf Werte um 400 mg% an (Abb. 10). Ein ähnliches Verhalten zeigen die Ergebnisse der Lactat- und Pyruvatbestimmungen (Abb. 11). Die errechneten Exceß Lactat-Werte betragen im Maximum 7,5 mMol/l.

Zum Zeitpunkt des Beginns der spontanen Rücknahme von Blut sind die gemessenen metabolischen Veränderungen am stärksten ausgeprägt. Wie aus den Abbildungen 9–11 ersichtlich ist, lassen sie mit dem Einsetzen des „uptake“ eine rückläufige Tendenz erkennen. Dieses Phänomen tritt bei den Werten der Blutglukose besonders deutlich in Erscheinung. Der Blutzuckerspiegel ist nach der Rücknahme von $^1/_3$ des Reservoirblutes unter die Ausgangswerte abgefallen (Abb. 10).

Als Zeichen der zunehmenden Hämokonzentration steigt der Hämatokrit im Verlauf des hämorrhagischen Schocks erheblich an (Abb. 12). Die Meßergebnisse der Blutvolumenbestimmungen weisen auf einen Verlust an Plasmavolumen hin, der nach einer 4–5stündigen Phase der Hypotension etwa 10% des Ausgangsblutvolumens ausmacht (Abb. 12 und 13).

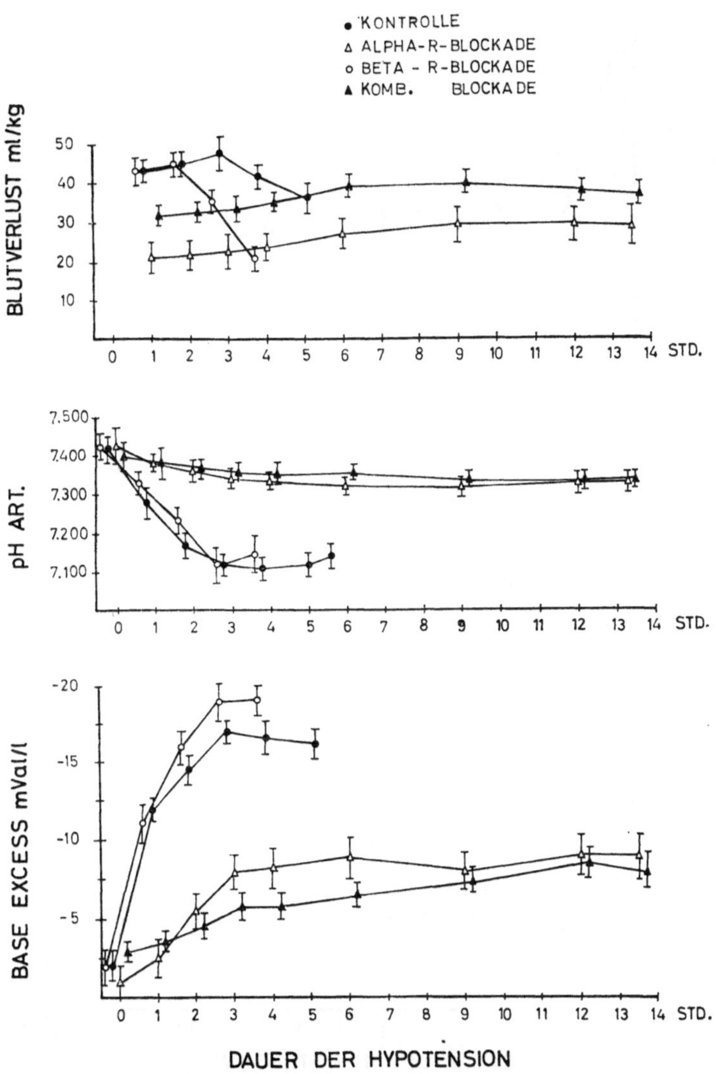

Abb. 9. Der Verlauf der standardisierten hämorrhagischen Hypotension nach unterschiedlicher adrenerger Blockade. Blutverlust, pH und Base Exceß. Mittelwerte und Vertrauensbereiche zu 95 %

Insgesamt gelingt es in den Kontrollversuchen, einen schweren hypovolämischen hämorrhagischen Schock im Rahmen einer tolierbaren Streuung zu erzeugen. Nach der Erfahrung anderer Autoren ist ein solcher Schock auch bei Retransfusion des gesamten Reservoirblutes zu 80% irreparabel [245].

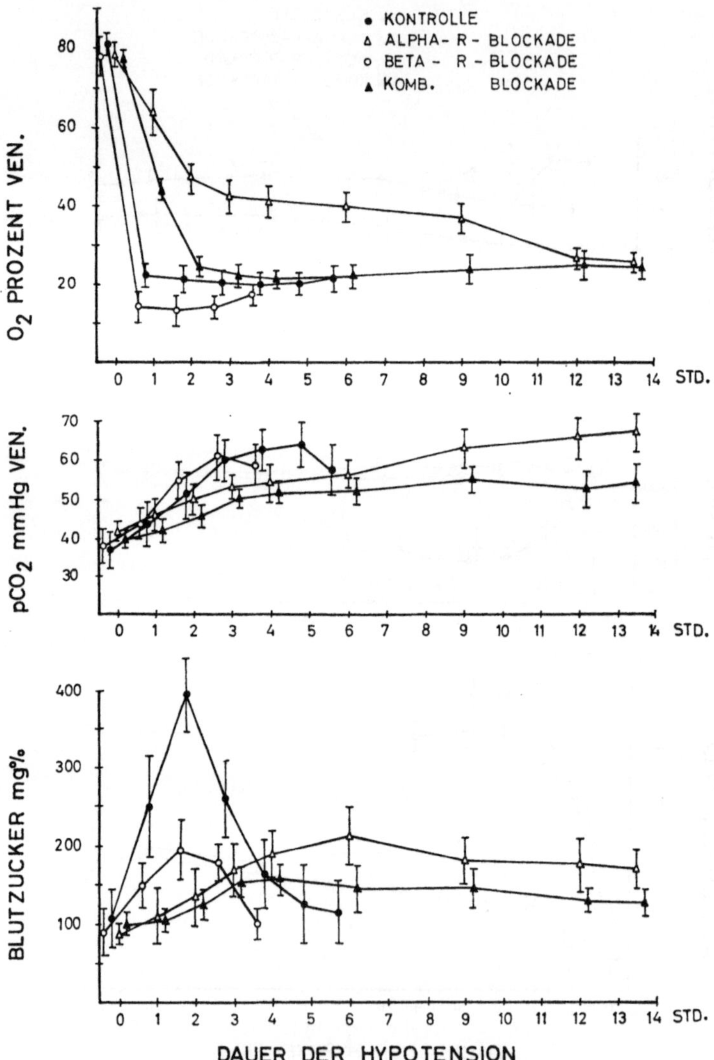

Abb. 10. Der Verlauf der standardisierten hämorrhagischen Hypotension nach unterschiedlicher adrenerger Blockade. O_2-Sättigung, pCO_2 und Glucose im Blut. Mittelwerte und Vertrauensbereiche zu 95%

Gruppe 3, α-Blockade. Bei einer Dosierung von 4 mg/kg Phenoxybenzamin[10], das vor dem Beginn der Hämorrhagie injiziert wird, erfolgt eine durchschnittliche Senkung des art. Druckes um 20–25%. Der initiale Blutverlust bis zur Erreichung des Druckes von 40 mmHg beträgt

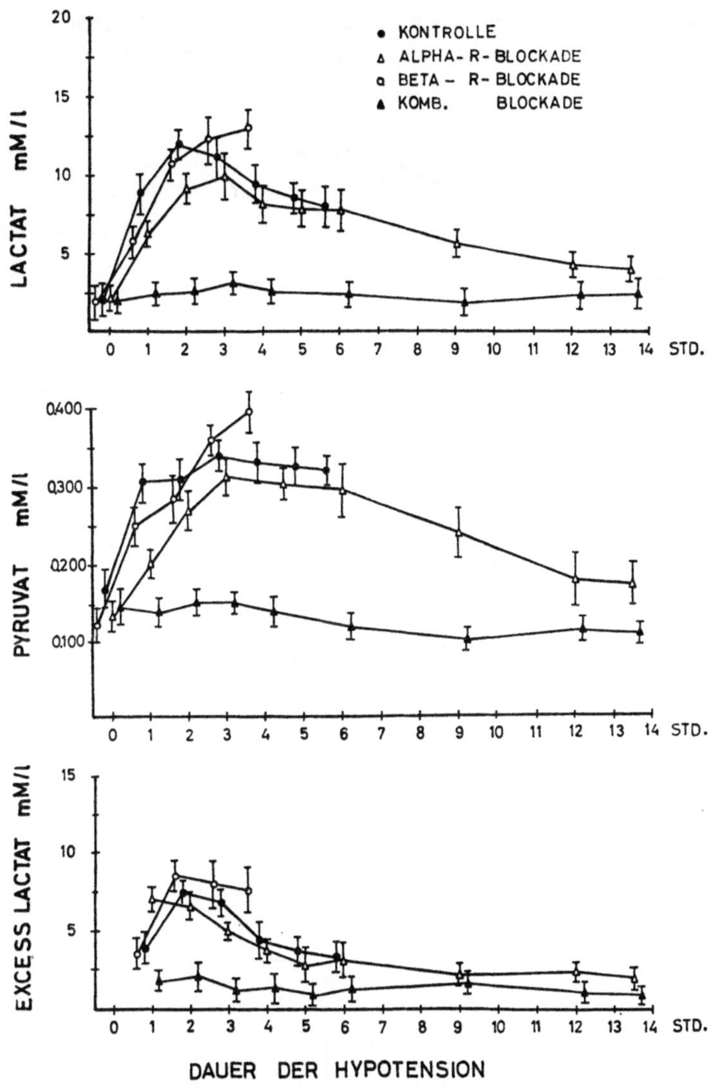

Abb. 11. Der Verlauf der standardisierten hämorrhagischen Hypotension nach unterschiedlicher adrenerger Blockade. Lactat, Pyruvat und Exceß Lactat im art. Blut. Mittelwerte und Vertrauensbereiche zu 95 %

---

[10] Dibenzylin

daher nur 21,0 ml/kg (15,8–26,2). Eine 9–10stündige Periode der Hypotension ist erforderlich, bis der maximale Blutverlust von 32,7 ml/kg (27,8 bis 37,6) erreicht wird. Wie aus der Abbildung 9 zu ersehen ist, wird der Blutverlust in allen Phasen des Versuches signifikant kleiner gemessen als in der Kontrollgruppe. Trotz des relativ geringen Blutverlustes entwickelt sich eine Acidose mittleren Grades. Das Absinken des Basendefizites auf 8 mval/l kann jedoch weitgehend durch die leichte Hyperventilation

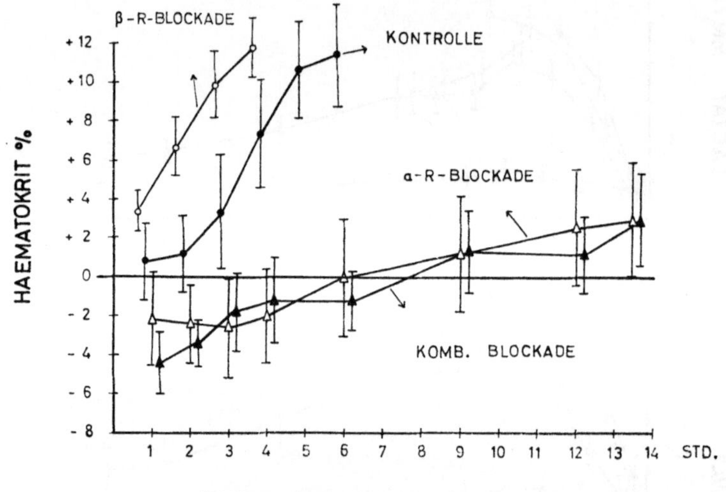

Abb. 12. Das Verhalten des Hämatokrits nach unterschiedlicher adrenerger Blockade während der standardisierten hämorrhagischen Hypotension. Ergebnisse der Paarenanalyse und Vertrauensbereich zu 95 %

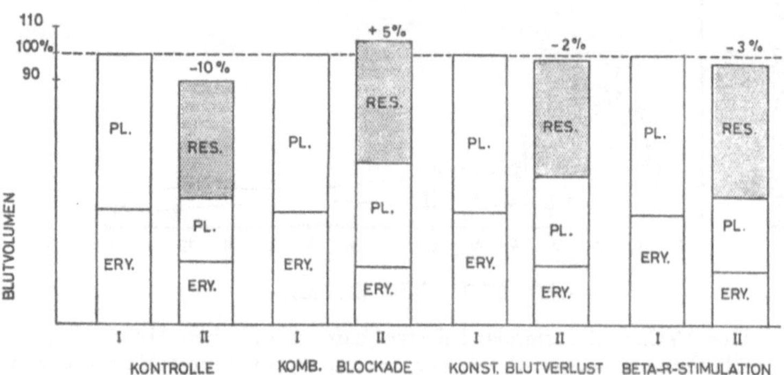

Abb. 13. Blutvolumenbestimmungen vor (I) und nach 4–5stündiger (II) art. Hypotension bei 40 mmHg in den Gruppen 2, 6, 7, 8. Einzelheiten siehe Text

(art. pCO_2 um 30 mmHg) kompensiert werden, so daß hierdurch die pH-Veränderungen gering bleiben (Abb. 9). Der Abfall der venösen O_2-Sättigung und der Anstieg des venösen pCO_2 in der Vena cava inf. sind nicht so ausgeprägt wie in der Gruppe 2. Ebenso verhält es sich mit dem Blutzuckeranstieg (Abb. 10). Die Lactat- und Pyruvatwerte bestätigen den Verdacht auf das Vorliegen mittelgradiger metabolischer Störungen. Sie steigen in den ersten Stunden der Hypotension sichtlich an, was sich ebenfalls in den Exceß Lactat-Veränderungen niederschlägt (Abb. 11). Während der weiteren Beobachtungszeit bleiben die Verhältnisse stationär und lassen eher eine Tendenz zur Normalisierung erkennen. Die Hämatokrite sinken mit dem Einsetzen der hypotonen Periode sichtlich unter die Ausgangswerte von durchschnittlich 41% (38,8–43,2). Erst nach Ablauf von 6 Std der Hypotension werden diese wieder erreicht und am Ende der Versuchsperiode sind sie auf durchschnittlich 3% über den Ausgangswert angestiegen. Trotz der sehr langen Beobachtungszeit bleiben die Zeichen für eine Hämokonzentration gering (Abb. 12).

Zusammenfassend ist festzustellen, daß nach der Blockade der α-Receptoren unter den sonst gleichen Bedingungen wie in der Kontrollgruppe der Zustand des eigentlichen hämorrhagischen Schocks nicht erreicht wird. Es handelt sich hier vielmehr um eine Periode der hämorrhagischen Hypotension.

Gruppe 4, β-Blockade. Unter dem Einfluß des Blockers 39'089 Ba[11] verändert sich der durchschnittliche Blutverlust im Vergleich zur Kontrollgruppe nur wenig. Sowohl der initiale mit 38,2 ml/kg (33,7–42,7), als auch der maximale Blutverlust mit 47,0 ml/kg (43,3–50,7) unterscheiden sich nicht signifikant von den entsprechenden Mengen in der Kontrollgruppe. Wie aus der Abbildung 9 deutlich ersichtlich, ist aber die tolerierte Phase der Hypotension unter der β-Blockade verkürzt. Dieser Unterschied ist aufgrund der Kriterien des Testes von FISHER signifikant. Ein Drittel des Reservoirblutes ist durchschnittlich bereits nach Ablauf von 4 Std wieder aufgenommen. Das „uptake" beginnt also früher und verläuft schneller (Abb. 9). Die Zeichen der metabolischen Acidose sind z. T. ausgeprägter. Die O_2-Sättigung in der Vena cava inf. sinkt tiefer als unter den Kontrollbedingungen, indessen sind bei den venösen pCO_2-Werten keine so deutlichen Unterschiede nachweisbar (Abb. 10). Der Anstieg des Blutzuckerspiegels bleibt aus. Die gemessenen Höchstwerte überschreiten 185 mg% nicht (Abb. 10). Trotz des etwas kleineren Blutverlustes in der zweiten Hälfte der Schockperiode (Abb. 9) als in der Gruppe 2 steigen die entsprechenden Lactat- und Pyruvatwerte stärker an (Abb. 11). Auch die Hämokonzentration verläuft schneller und erreicht höhere Werte, wie in den Hämatokriten zum Ausdruck kommt (Abb. 12).

---

[11] Trasicor

Im Ganzen zeigt sich, daß unter der β-Blockade mit 39'089 Ba der Ablauf dieser standardisierten hämorrhagischen Hypotension gegenüber der Kontrollgruppe verschlechtert wird, und daß schwerere metabolische und hämodynamische Störungen auftreten [412].

In diesem Zusammenhang ist noch auf Experimente hinzuweisen, in denen wir eine β-Blockade mit dem Blocker Propranolol[12] durchgeführt haben (Gruppe 5). Auf die Wiedergabe der bereits publizierten Originalwerte wird hier verzichtet [412]. Aus den Ergebnissen geht jedoch hervor, daß bei gleichem Effekt der β-Blockade unter diesem Blocker die metabolischen und hämodynamischen Veränderungen noch stärker ausgeprägt sind. Bei einem in allen Phasen geringeren Blutverlust ist die tolerierte Schockzeit weiter signifikant verkürzt. Dieser Effekt wird auf die unterschiedlichen und für das Schockgeschehen bedeutungsvollen kardiodepressiven Nebenwirkungen der Substanzen zurückgeführt.

Gruppe 6, kombinierte adrenerge Blockade. Nachdem die optimale Dosierung für die kombinierte Blockade mit Hilfe des Faktorenversuches ermittelt worden ist, wird die Blockade unter Anwendung der Dosierung von 1,0 mg/kg Phenoxybenzamin und 0,1 mg/kg 39'089 Ba bei einer stündlichen Erhaltungsdosis von 0,05 mg durchgeführt. Die vor Einleitung der hämorrhagischen Hypotension erfolgte Medikation verursacht eine Senkung des art. Druckes um 10-15% des Ausgangswertes. Der initiale Blutverlust beträgt im Mittel 29,3 ml/kg (26,3–32,3) und für den maximalen Blutverlust werden 42,9 ml/kg (39,3–46,5) gemessen. Beide Blutverluste liegen signifikant höher als unter der isolierten α-Blockade. Das gleiche gilt für den durchschnittlichen Verlust der entsprechenden Meßzeiten (Abb. 9). Sowohl der initiale, als auch der durchschnittliche Blutverlust sind indessen gesichert kleiner als unter Kontrollbedingungen und reiner β-Blockade. Der maximale Blutverlust, der erst nach 6–10stündiger Hypotension registriert wird, ist nicht mehr von diesen beiden Gruppen signifikant verschieden. Trotz des relativ hohen Blutverlustes wird in dieser Gruppe kein „uptake“ beobachtet, und die Hypotension kann ohne Zeichen zirkulatorischer oder metabolischer Dekompensation 13–14 Std hindurch aufrechterhalten werden, wobei diese Zeitangabe nicht als Grenzwert anzusehen ist. Es entsteht keine metabolische Acidose. Die Ergebnisse des Basendefizits, Lactats, Pyruvats und des Exceß Lactat weichen zudem weniger von den Ausgangswerten ab als unter dem Einfluß der isolierten α-Blockade (Abb. 9–11). Der Anstieg des venösen pCO_2 und des Blutzuckers, dessen Maximalwerte 185 mg% nicht überschreiten, ist in dieser Gruppe am kleinsten (Abb. 10). Trotz des höheren Blutverlustes als unter der α-Blockade liegen die Hämatokritwerte bis zur 8. Std der Hypotension als Zeichen der Hämodilution unter den Ausgangswerten (Abb. 12). Ledig-

[12] Inderal

lich die venösen O_2-Sättigungen lassen kaum Unterschiede zur Kontrollgruppe erkennen (Abb. 10).

Die Ergebnisse der Blutvolumenbestimmungen, die jeweils vor dem Beginn der Hämorrhagie und 4–5 Std nach Anhalten der Hypotension gewonnen worden sind, lassen sich aus der Abbildung 13 als Durchschnittsvolumina, bezogen auf das jeweilige Gesamtvolumen, ersehen. Das zirkulierende Erythrocytenvolumen während der Hypotension von etwa 55% des Ausgangserythrocytenvolumens ergibt mit den zu dieser Zeit im Reservoir befindlichen Erythrocyten zusammen 100%. Der Blutverlust beträgt zur Zeit der Messung für die unbehandelte Gruppe 2 44% (40–48) und für die Gruppe 6 mit kombinierter Blockade 45% (40–50). Das gemessene Gesamtvolumen während der Hypotension zeigt bei der kombinierten Blockade eine Volumenzunahme von 5% des Ausgangsvolumens an, die nahezu ausschließlich aus Plasmavolumen besteht. Damit beträgt die Differenz der zirkulierenden Blutvolumina zwischen der Kontrollserie und der kombinierten Blockade 15% des Ausgangsvolumens.

Kardiale Situation am Ende der jeweiligen Versuchsperiode in den Gruppen 2, 3, 4, 6. Die Ergebnisse der Analysen aus dem Koronarsinusblut sind in den Tabellen 3–5 als Durchschnitte mit den zugehörigen art. Werten und den a–s Differenzen sowie den Vertrauensbereichen zu 95% aufgeführt. In der Kontrollgruppe liegen wie zu erwarten pH und Basen Exceß im Sinusblut niedriger als im gleichzeitig untersuchten art. Blut. Der pCO_2 ist im Koronarsinusblut höher als im art. Blut. Die Differenz beträgt durchschnittlich 20,7 mmHg. Die prozentuale O_2-Extraktion des Herzmuskels ist unter Kontrollbedingungen mit 63,9% im Normbereich. Gleiches gilt für pO_2 und die Sauerstoffextraktion in vol. % (Tab. 4). Lactat und Pyruvat werden im art. Blut erhöht gefunden (Tab. 5). Der Herzmuskel extrahiert Lactat, die a–s Differenz beträgt 2,04 mM/l. Gleichzeitig gibt das Myokard Pyruvat ab, a–s Differenz —0,096 mM/l. Glukose wird ebenfalls extrahiert. Gesamthaft betrachtet ergeben sich aus den bisher diskutierten Meßwerten trotz des fortgeschrittenen Schockstadiums keine Anhaltspunkte für einen Sauerstoffmangel des Myokards. Bei der Inspektion des Herzens am Ende der Beobachtungszeit findet sich in der Regel ein gut tonisierter, tachykard schlagender Herzmuskel, der bei der Autopsie in nahezu allen Experimenten dieser Gruppe 2 ausgedehnte Endokardblutungen aufweist.

Unter dem Einfluß der isolierten α-Blockade zeigen die nach der 13–14-stündigen hämorrhagischen Hypotension gewonnenen art. Meßergebnisse die weniger schwere, bereits diskutierte, metabolische Störung an. Die errechneten a–s Differenzen sind für alle Meßwerte kleiner. Wie in der Kontrollgruppe wird Lactat extrahiert und Pyruvat vom Herzmuskel abgegeben. Bei der Inspektion erscheint der mit hoher Frequenz arbeitende Herzmuskel gut tonisiert. Endokardblutungen sind nicht nachzuweisen.

Tabelle 3. *Die kardiale Situation am Ende der standardisierten hämorrhagischen Hypotension. Meßwerte des Säure-Basenhaushaltes im art. und coronarvenösen Blut. Mittelwerte und Vertrauensbereiche zu 95%*

		pH	pCO_2 mmHg	BE mval/l
	Art.	7,180	28,3	16,4
		(7,130–7,230)	(24,3–32,3)	(14,8–18,0)
Kontrolle	Sin.	7,146	49,0	11,7
		7,098–7,194)	(42,0–56,0)	(9,5–13,9)
	A–S	0,034	—20,7	4,7
		(0,022–0,046)	(15,5–25,9)	(3,0–6,4)
	Art.	7,318	30,5	9,8
		(7,297–7,339)	(27,7–33,3)	(6,8–12,8)
α-Blockade	Sin.	7,295	40,3	7,0
		(7,274–7,316)	(34,1–46,5)	(4,2–9,8)
	A–S	0,023	—9,8	2,8
		(0,015–0,031)	(5,4–14,3)	(1,5–4,1)
	Art.	7,153	20,7	18,5
		(7,072–7,234)	(18,6–22,8)	(16,3–20,7)
β-Blockade	Sin.	7,125	45,1	14,9
		(7,042–7,208)	(38,2–52,0)	(12,4–17,4)
Trasicor	A–S	0,028	—24,4	4,4
		(0,019–0,037)	(19,2–29,6)	(3,2–5,6)
	Art.	7,330	26,9	8,7
		(7,294–7,366)	(24,2–29,6)	(7,9–9,5)
Komb.	Sin.	7,305	37,5	6,4
Blockade		(7,259–7,351)	(33,7–41,3)	(5,3–7,5)
	A–S	0,025	—10,6	2,3
		(0,016–0,034)	(8,1–13,1)	(1,7–2,9)

Unter dem Einfluß des β-Blockers 39'089 Ba verhalten sich die Meßwerte genau entgegengesetzt. Die O_2-Extraktion des Herzens in relativen und vol % ist höher als in der Kontrollgruppe (Tab. 4). Wie die coronarvenöse Sättigung von 22,8% und der pO_2 von 24,4 mmHg anzeigen, wird die kritische Schwelle jedoch nicht erreicht. Die größere Lactatextraktion erklärt sich zwangslos aus dem höheren art. Spiegel des Substrates. Als Folge der Blockade der β-Receptoren liegen die Werte der Blutglukose allgemein niedriger. Makroskopisch fällt am schlagenden Herzen eine mäßige Dilatation auf. Die Frequenz ist eher bradykard. Im Endokard werden nur sehr vereinzelt petecchiale Blutungen gesehen. Die geschilderten Veränderungen waren unter dem Einfluß des β-Blockers Propranolol z. T. noch ausgeprägter, jedoch ergaben sich auch in dieser Versuchsreihe keine Anhaltspunkte für ein Sauerstoffdefizit des Herzmuskels. Bezüglich der Einzelheiten verweisen wir auf die Publikation [412].

Unter dem Einfluß der kombinierten Blockade sind die Veränderungen des Säure-Basenhaushaltes im art. Blut der allgemeinen Situation entsprechend gering. Die a–s Differenz für den pO_2 ist wie bei der reinen α-Blockade klein (Tab. 3). Die Sauerstoffwerte zeigen eine genügende O_2-Versorgungs des Herzmuskels an (Tab. 4). Das gleiche gilt für die Lactatextraktion des Herzmuskels (Tab. 5). Des niedrigen art. Spiegels wegen ist sie gering. Im Gegensatz zu den übrigen Gruppen wird Pyruvat extrahiert. Die a–s Differenz liegt durchschnittlich bei 0,032 mM/l. Der Herzmuskel ist nach 13–14stündiger Hypotension gut tonisiert, die Frequenz ist eher bradykard und makroskopische Endokardblutungen sind nicht sichtbar.

Die Ergebnisse der Untersuchung des coronarvenösen Blutes am Ende der hämorrhagischen Hypotension lassen sich folgendermaßen zusammenfassen: die kritische Schwelle für einen echten O_2-Mangel des Herzens [49, 255, 256] wird in keinem Fall erreicht. Auf die sehr unterschiedliche

Tabelle 4. *Die kardiale Situation am Ende der standardisierten hämorrhagischen Hypotension. O_2-Werte des art.- und koronarvenösen Blutes. Mittelwerte und Vertrauensbereiche zu 95%*

		O_2 %	pO_2 mmHg	O_2 Vol.%
	Art.	91,5	81,4	16,6
		(89,6–93,4)	(75,7–87,1)	(15,1–18,0)
Kontrolle	Sin.	27,6	24,2	4,5
		(24,3–31,0)	(21,2–27,2)	(3,7–5,3)
	A–S	63,9	57,2	12,1
		(59,7–68,1)	(52,7–61,7)	(11,3–12,9)
	Art.	95,3	82,8	19,4
		(93,0–97,6)	(75,4–90,2)	(18,1–20,7)
α-Blockade	Sin.	38,7	26,6	7,9
		(35,2–42,2)	(23,1–30,1)	(7,2–8,6)
	A–S	56,6	56,2	8,6
		(51,4–61,8)	(51,3–61,1)	(7,3–9,9)
	Art.	94,7	97,9	22,4
		(91,6–97,8)	(90,9–104,9)	(21,3–23,5)
β-Blockade	Sin.	22,8	24,4	5,4
		(20,7–24,8)	(21,9–26,9)	(4,8–6,0)
Trasicor	A–S	71,9	73,5	17,0
		(65,7–78,1)	(67,7–78,3)	(13,4–20,6)
	Art.	95,0	81,2	18,8
		(92,8–97,2)	(74,3–88,1)	(16,6–20,0)
Komb.	Sin.	26,0	21,8	5,1
Blockade		(23,2–28,8)	(20,2–23,4)	(4,6–5,6)
	A–S	69,0	59,4	13,7
		(57,8–80,2)	(52,6–66,2)	(11,4–16,0)

Tabelle 5. *Die kardiale Situation am Ende der standardisierten hämorrhagischen Hypotension. Metabolit-Werte des art. und koronarvenösen Blutes. Mittelwerte und Vertrauensbereiche zu 95%*

		Laktat mM/l	Pyruvat mM/l	Glukose mg%
	Art.	8,63	0,333	201
		(7,33–9,93)	(0,298–0,368)	(172–230)
Kontrolle	Sin.	6,59	0,429	189
		(5,59–7,59)	(0,389–0,469)	(159–219)
	A–S	2,04	—0,096	12
		(1,12–2,96)	(0,083–0,109)	(7–17)
	Art.	4,11	0,170	147
		(2,92–5,28)	(0,120–0,220)	(113–181)
α-Blockade	Sin.	3,38	0,203	144
		(2,60–4,15)	(0,144–0,262)	(110–178)
	A–S	0,73	—0,033	3
		(0,60–0,86)	(0,023–0,043)	2–4
	Art.	11,89	0,416	104
		(9,37–14,29)	(0,338–0,494)	(82–126)
β-Blockade	Sin.	8,17	0,536	92
		(5,64–10,70)	(0,370–0,702)	(70–104)
Trasicor	A–S	3,72	—0,120	12
		(2,84–4,60)	(0,074–0,166)	(8–16)
	Art.	2,40	0,105	139
		(2,20–2,60)	(0,085–0,125)	(124–152)
Komb.	Sin.	1,64	0,073	128
Blockade		(1,45–1,83)	(0,062–0,084)	(114–142)
	A–S	0,76	0,032	11
		(0,70–0,82)	(0,020–0,044)	(4–18)

allgemeine Schocksituation und die Verwendung z. T. direkt herzwirksamer adrenerger Blocker reagiert der gesunde Coronarkreislauf des Hundes offenbar so, daß die wichtigen coronarvenösen Parameter bemerkenswert konstant bleiben. Die möglichen Auswirkungen klinisch wichtiger Veränderungen, wie art. Hypoxämie oder vorbestehender Coronarsklerose, lassen sich allerdings aus unseren Ergebnissen nicht beurteilen.

Gruppe 7, unbeeinflußte hämorrhagische Hypotension bei konstantem Blutverlust. Nach der Bestimmung des zirkulierenden Blutvolumens vor der Hämorrhagie werden dem jeweiligen Versuchstier 40% seines Blutvolumens entzogen. Das verbleibende zirkulierende Blutvolumen von etwa 60% entspricht jenem Volumen, das unter kombinierter adrenerger Blockade nach 4–5stündiger hämorrhagischer Hypotension gemessen wurde. Damit sollen in dieser Gruppe annähernd gleiche Bedingungen in bezug auf das zirkulierende Blutvolumen geschaffen werden, wie sie unter dem Einfluß der kombinierten adrenergen Blockade während der hämorrhagischen Hypotension beobachtet worden sind. Die Tiere werden über einen Zeitraum von 5 Std in der Hypotension belassen. In dieser Zeit tritt kein „uptake“ ein. Die art. pH- und venösen pCO_2-Werte verhalten sich wie die Meßwerte unter kombinierter Blockade (Abb. 14 und 15). Der Base Exceß steigt kurzzeitig steil an, um dann im Verlaufe der weiteren 2 Std bis auf Werte zwischen 6–7 mval/l abzusinken. Sodann wird wiederum bis zur 5. Std der Hypotension ein stetiger Anstieg des Basendefizits registriert (Abb. 14).

Diese Veränderungen schlagen sich nicht in den pH-Werten nieder, da sie offensichtlich noch über die durch die künstliche Ventilation verursachte leichte Hyperventilation kompensiert werden. Lactat, Pyruvat und Exceß Lactat liegen dieser Situation entsprechend deutlich höher als unter der kombinierten Blockade. Die Unterschiede sind mehrheitlich signifikant (Abb. 16). Die venöse O_2-Sättigung bessert sich nach Beendigung der Hämorrhagie kurzzeitig und fällt dann im weiteren Verlauf wieder ab (Abb. 15). Die Blutglukose steigt nicht an (Abb. 15). Nach der anfänglich leichten Hämodilution, wie sie durch die bescheidene Abnahme des Hämatokrits in dieser Zeit zum Ausdruck kommt (Abb. 17), steigt der Zellanteil des Blutes kontinuierlich an. Die Blutvolumenbestimmung während der Hypotension bestätigt diesen Befund insofern, als ein durchschnittliches Volumendefizit von 2% des Ausgangsvolumens gemessen wird (Abb. 13).

Insgesamt gesehen wird in dem Beobachtungszeitraum das vollentwickelte Stadium des dekompensierten hämorrhagischen Schocks nicht erreicht. Allerdings scheint das Stadium der Dekompensation, wie die zunehmende Hämokonzentration andeutet, nicht verhindert zu werden. Die metabolischen Parameter spiegeln trotz gleich großer Blutverluste teilweise schwerere Veränderungen als in der doppelblockierten Gruppe wider.

Gruppe 8, β-Stimulation. In dieser Versuchsreihe betragen der initiale 38,4 ml/kg (35,2–41,6) und der maximale Blutverlust 45,3 ml/kg (41,9–48,7). Weder diese genannten Grenzwerte, noch der durchschnittliche Blutverlust unterscheiden sich wesentlich von denen der Kontrollgruppe. Hingegen liegt der initiale Blutverlust höher als bei der kombinierten Blockade (Abb. 14). Das weitere Verhalten des Blutverlustes unter der β-Stimulation deutet auf den Ablauf eines typischen hämorrhagischen Schocks hin (Abb. 14). Nach 3 Std der art. Hypotension ist der maximale Blutverlust erreicht. Von diesem Zeitpunkt an beginnen die Tiere zur Aufrechterhaltung des konstanten art. Druckes, Blut aus dem Reservoir zurückzunehmen. Die Phase des „uptake“ verläuft allerdings etwas langsamer als in der Kontrollgruppe, so daß erst nach Ablauf von 6 Std $^1/_3$ des Reservoirblutes aufgenommen worden ist. Der Unterschied wird jedoch nicht statistisch signifikant.

Die metabolischen und hämodynamischen Meßdaten verhalten sich im wesentlichen so, wie unter unbeeinflußten Bedingungen und unterscheiden sich damit deutlich von den Werten der kombinierten Blockade. Ein Schutz gegenüber metabolischen Veränderungen, wie er aufgrund der vasodilatierenden Eigenschaften der β-Stimulation zu erwarten wäre, kann

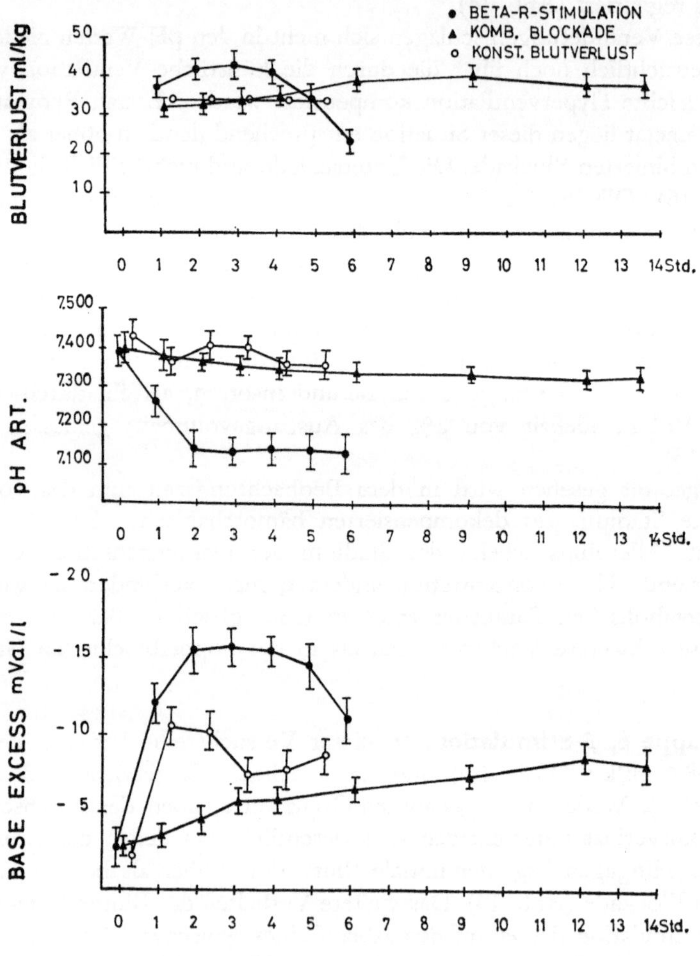

Abb. 14. Der Verlauf der standardisierten hämorrhagischen Hypotension in den Versuchsgruppen 6, 7, 8 anhand des Blutverlustes, pH und Base Exceß, Mittelwerte und Vertrauensbereiche zu 95 %

in dieser Versuchsanordnung nicht festgestellt werden. Das pH sinkt auf Werte um 7.140 und das Basendefizit liegt bei durchschnittlich 16 mval/l. Diesem Verhalten entsprechen die Werte des Lactat, Pyruvat und Exceß Lactat (Abb. 16). Die zunehmende metabolische Acidose in der Phase der

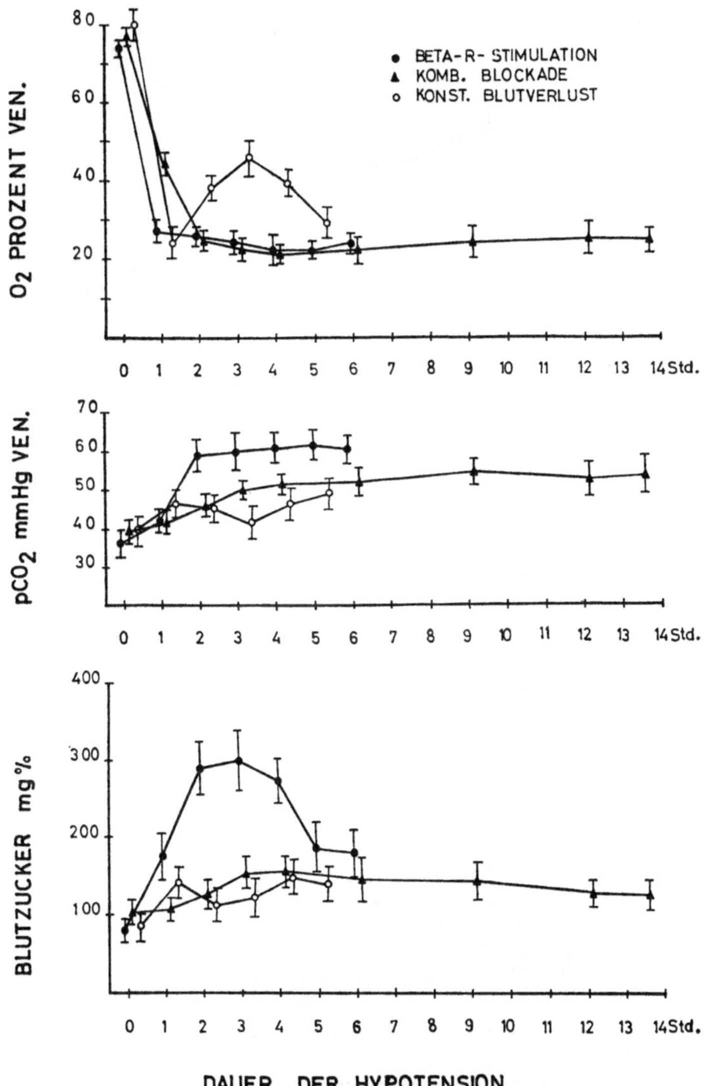

Abb. 15. Der Verlauf der standardisierten hämorrhagischen Hypotension in den Versuchsgruppen 6, 7, 8 anhand der O_2-Sättigung, des pCO_2 und der Glucose im Blut. Mittelwerte und Vertrauensbereiche zu 95 %

Kompensation ist unverkennbar. Wie in der Kontrollgruppe 2 wird im Verlaufe des „uptake" ein rückläufiges Verhalten der Meßwerte beobachtet. Nur die Werte der venösen O_2-Sättigung unterscheiden sich nicht signifikant von den entsprechenden Werten der kombinierten Blockade (Abb. 15).

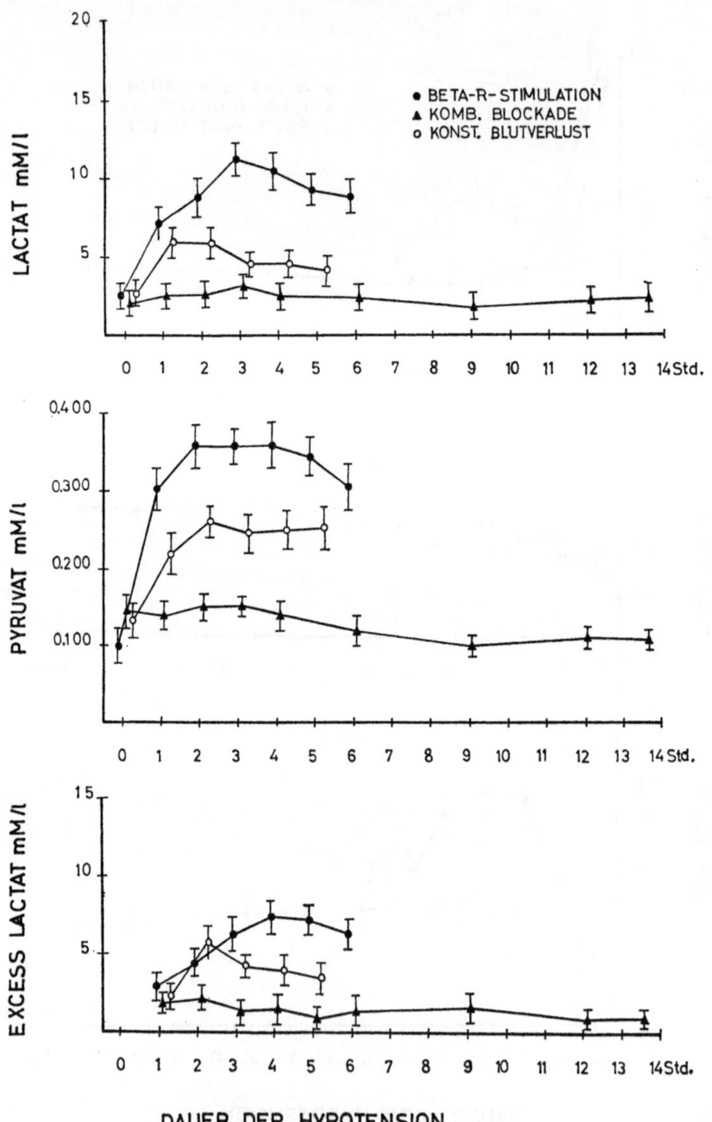

Abb. 16. Der Verlauf der standardisierten hämorrhagischen Hypotension in den Versuchsgruppen 6, 7, 8 anhand der metabolischen Veränderungen im art. Blut. Mittelwerte und Vertrauensbereiche zu 95 %

Der Hämatokrit steigt nach dem Beginn der Hämorrhagie kurz an, fällt in den folgenden 2 Std auf die Ausgangswerte zurück und gibt dann als Zeichen der zunehmenden Hämokonzentration einen kontinuierlichen Anstieg an. Die Bestimmungen des Blutvolumens vervollständigen diese Befunde. Zwischen der 4. und 5. Std der hämorrhagischen Hypotension tritt ein durchschnittliches Defizit von 3% des Ausgangsvolumens auf, das aus einem reinen Plasmaverlust resultiert, da die Erythrocytenvolumina, bestehend aus dem zirkulierenden Erythrocytenvolumen und dem Erythrocytenvolumen im Reservoir, keinen Verlust erkennen lassen. Im Hinblick auf das Ergebnis der kombinierten Blockade wird in dieser Phase der Hypotension eine Differenz im zirkulierenden Plasmavolumen zwischen beiden Gruppen von etwa 8% des Ausgangsvolumens gesehen (Abb. 13).

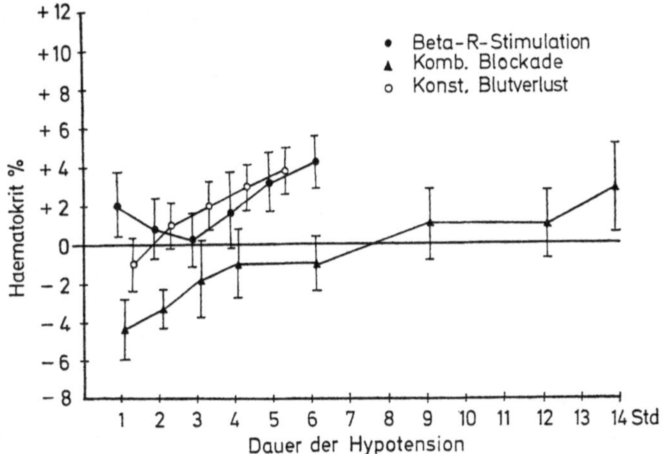

Abb. 17. Das Verhalten des Hämatokrits während der standardisierten hämorrhagischen Hypotension in den Versuchsgruppen 6, 7, 8. Ergebnisse der Paarenanalyse, Mittelwerte und Vertrauensbereiche zu 95 %

Zusammenfassend ergibt die Stimulation der β-Receptoren unter den gegebenen Versuchsbedingungen das charakteristische Bild eines hämorrhagischen Schocks mit der Phase der Kompensation und Dekompensation. Sie unterscheidet sich damit deutlich von der kombinierten Blockade. Im Hinblick auf die Kontrollgruppe ist der Verlauf etwas protrahierter.

Kapitel VII

Diskussion der Versuchsergebnisse

Die standardisierte experimentelle Hämorrhagie ist eine gebräuchliche Methode, einen reproduzierbaren hypovolämischen Schock zu erzeugen. In enger Beziehung zu einem solchen Stressmechanismus steht das vegetative Nervensystem, von dem CANNON [55] bereits im Jahre 1923 sagt, daß es durch eine Blutung aktiviert werde. Wie wir heute wissen, gehen von der Stimulation des adrenergen Nervensystems bzw. von der hiermit verbundenen Freisetzung der Katecholamine Impulse aus, die auf hämodynamische und metabolische Regulationsmechanismen großen Einfluß ausüben.

Grundmodell. Der Organismus wird durch die experimentell erzeugte Hämorrhagie mit einem arteriellen Mitteldruck von 40 mmHg, wie sie in den vorliegenden Versuchen praktiziert wurde, von einer extremen Stress-Situation betroffen, die eine excessive sympathische Stimulation nach sich zieht. Der Katecholamingehalt im zirkulierenden Blut kann um das 50–100fache des Normalen ansteigen [245, 390], wobei die Konzentrationszunahme bei arteriellen Drucken unter 60 mmHg besonders stark zu sein pflegt [390].

Im Zusammenhang mit dem massiven Blutentzug und der adrenergen Stimulation entwickelt sich unter im übrigen unbeeinflußten Bedingungen innerhalb weniger Stunden das Zustandsbild des hämorrhagischen Schocks. Das heißt, es wird ein Grad der allgemeinen Kreislaufstörung erreicht, der mit den Zeichen einer verminderten Gewebsperfusion einhergeht. Der Schock stellt den Summationseffekt zahlreicher Einzelreaktionen dar, bei dem es sich naturgemäß nicht um einen fixierten Zustand handelt, sondern um ein ständigen Veränderungen unterworfenes Geschehen. Es umfaßt die Zeitspanne zwischen dem normalen Funktionieren und dem Tod des Organismus. In diesem mehr oder weniger langen Zeitabschnitt werden verschiedene Phasen durchlaufen. Für die Interpretation der Versuchsergebnisse erscheint die Einteilung in eine Phase der Kompensation und Dekompensation am Vorteilhaftesten. Dabei ist die Phase der Dekompensation nicht mit dem vor allem in der experimentellen Medizin gebräuchlichen Begriff der Irreversibilität identisch.

Als Antwort auf den Blutentzug aus dem Zirkulationssystem setzen sehr schnell zuerst in der Peripherie über die Stimulierung der α-

Receptoren Kompensationsmechanismen ein. Dabei handelt es sich vor allem um die periphere Vasoconstriction sowohl der Widerstands- wie auch der Kapazitätsgefäße; neben den Arterien und Venen sind von der Constriction auch der prä- und postcapilläre Sphincter betroffen [234, 266]. Die gleichzeitige Stimulation der peripher gelegenen β-Receptoren sollte sich, wie u. a. aus der von GREEN [155] erarbeiteten quantitativen Verteilung der Receptoren hervorgeht, hier weniger bemerkbar machen und den dominierenden Effekt der α-Receptoren auf die peripheren Gefäße nur unwesentlich abschwächen. Da die Receptoren jedoch nach dem heutigen Stande unseres Wissens nicht gleichmäßig über den ganzen Organismus verteilt sind, müssen regionale Unterschiede berücksichtigt werden. So sinkt z. B. das Blutvolumen über den Muskelbezirken in den ersten 1–2 Std nach der Hämorrhagie um etwa 90% und im Mesenterium lediglich um 60% der Kontrollwerte ab [394]. Übersteigt der Blutverlust die Menge von 10–20% des Gesamtvolumens, so beginnen Arterien- und Venendruck zu sinken. Die gleichzeitige Verminderung des interstitiellen Flüssigkeitsdruckes und des Filtrationskoeffizienten [234] bewirken einen Übertritt von extravasculärer Flüssigkeit in den intravasculären Raum. Wie CHIEN [60] berichtet, kann auch eine zu diesem Zeitpunkt stärkere Contraction des prä- als des postcapillären Sphincters insofern eine Rolle spielen, als der hydrostatische Druck in den Capillaren hierdurch zusätzlich verringert wird. Diese Flüssigkeitsverschiebungen verursachen die Hämodilution, welche an den fallenden Hämatokritwerten erkennbar ist.

Bei einem mehr als 10%igen Blutverlust und bei sinkendem Systemdruck schaltet sich ein weiterer Kompensationsmechanismus, nämlich das Herz, ein. Da kleinere Verluste weder mit Veränderungen des Druckes noch des Herzzeitvolumens einhergehen [60], werden sie offensichtlich von der Peripherie allein aufgefangen. Die Herzleistung steigt an, was in der Erhöhung der Herzfrequenz [200], der Zunahme der Contractionskraft des Herzmuskels [230, 322] und dem daraus resultierenden vergrößerten Herzzeitvolumen zum Ausdruck kommt. Die Coronardurchblutung wird relativ verbessert, indem der coronare Widerstand mit zunehmender Dauer der Hämorrhagie abnimmt [161]. Diese Reaktionen werden größtenteils von den positiv ino-, chrono- und dromotrop wirkenden β-Receptoren gesteuert. Die β-Stimulation des Herzens arbeitet der eingetretenen Senkung des Systemdruckes und dem verminderten venösen Rückfluß entgegen und bildet somit einen wichtigen Bestandteil der negativen Rückkoppelung.

Fast gleichzeitig mit den geschilderten Vorgängen der negativen Rückkoppelung entwickeln sich insbesondere auf der metabolischen Seite positive Rückkoppelungsvorgänge, welche anfänglich jedoch lokal begrenzt bleiben. Erste Anzeichen einer gestörten Mikrozirkulation und damit eines beginnenden allgemeinen O_2-Mangels werden im Anstieg saurer Metabolite im Blut sichtbar. Der gleichzeitig zu beobachtende steile Anstieg der

Blutglukose darf als ein Ausdruck der intensiven adrenergen Stimulation gewertet werden. Bereits unter Normalbedingungen ist durch Injektion eines Adrenalinabkömmlings ein Hyperglykämieeffekt auszulösen [252].

Diese pathophysiologischen Vorgänge kennzeichnen das Stadium der Kompensation, das im Experiment an dem weiteren Herausgeben von Blut in das Reservoir, dem sog. „bleed out" Phänomen, zu erkennen ist. Etwa mit dem Erreichen des maximalen Blutverlustes endet unter experimentellen Bedingungen die Phase der Kompensation. Sie geht fließend im Rahmen einer individuellen Schwankungsbreite in die Phase der Dekompensation über. Damit greifen die anfänglich lokal begrenzten positiven Rückkoppelungsvorgänge auf den Gesamtorganismus über, und die überwiegend hämodynamischen negativen Rückkoppelungen schlagen ebenfalls um. Im Experiment äußert sich die neue Situation in der spontanen Rücknahme von Blut aus dem Reservoir zur Aufrechterhaltung eines konstanten arteriellen Druckes, im sog. „uptake". Das Sinken des peripheren Widerstandes ist der Ausdruck verschiedener tiefgreifender Störungen. Aus der Sicht der Peripherie bedeutet es vor allem eine Tonusminderung im Bereich der Widerstandsgefäße und des präcapillären Sphincters. Als Ursachen hierfür kommen in Betracht:

1. das Freiwerden vasodilatierender Substanzen aus ischämischen Organen [319].

2. die Abnahme vasoconstrictorischer Impulse [29, 251, 318].

3. Der verminderte Katecholamingehalt im Gewebe und im Blut [157, 245, 315, 391].

4. Die herabgesetzte Ansprechbarkeit der Gefäße auf die Katecholaminwirkung [157, 245, 315, 391].

Zu schwerwiegenden Störungen gibt das vorzeitige Nachlassen des präcapillären Sphinctertonus gegenüber dem postcapillären Tonus Anlaß. Nach Mellander [266] ist diese Tatsache auf eine größere Empfindlichkeit gegen Einflüsse der lokalen metabolischen Acidose des präcapillären Tonus zurückzuführen. Die somit entstehende Tonusdifferenz bringt einen Anstieg des hydrostatischen Druckes in den Capillaren mit sich. Das hierauf beruhende Phänomen der Filtrationsumkehr führt zu dem für die Phase der Dekompensation charakteristischen Flüssigkeitsübertritt von der Blutbahn in das Gewebe. Wie regionale Blutvolumenbestimmungen ergeben haben, laufen diese Vorgänge in den einzelnen Gefäßregionen in sehr unterschiedlichem Ausmaß ab. Plasmaverluste werden vor allem im Mesenterium [244, 399], in der Leber [23, 127, 189] und in den Pulmonalgefäßgebieten [133] nachgewiesen. Der Plasmaverlust fördert das weitere Absinken des Systemdruckes und bildet die Grundlage für den Prozeß der Hämokonzentration mit seinen vielfältigen ungünstigen Konsequenzen für den gesamten Schockverlauf. Neben der Abnahme des allgemeinen peripheren Widerstandes kommt als zweite Möglichkeit für das Fallen des arteriellen Druckes in der Phase der Dekompensation ein Nachlassen der Herzleistung in Frage. Wenn die O_2-Extraktion im coronarvenösen Blut in der Regel auch stark erhöht gefunden wird, so ergeben sich für einen echten O_2-Mangel des gesunden Herzmuskels, wie im Kapitel I ausgeführt, keine eindeutigen Hinweise. Damit sollen jedoch mögliche regionale Unterschiede im Herzstoffwechsel nicht ausgeschlossen sein. In diese Richtung weisen z. B. die von KIRK und HONIG [224] gefundenen O_2-Partialdruckgradienten zwischen der subendo- und epikardialen Schicht und Unterschiede im Lactat- und Pyruvatgehalt. Auch sind die von LUNDSGAARD-HANSEN [256] im Normalzustand erarbeiteten transmuralen Aktivitätsgradienten glykolytischer Enzyme im Myokard des linken Ventrikels, die sich zwar im Schock verwischen, in diesem Sinne zu interpretieren.

Obgleich also ein globaler O_2-Mangel des Herzmuskels im späten Schock anzuzweifeln ist, so bestehen trotzdem kaum Meinungsverschiedenheiten darüber, daß eine Schädigung des Herzmuskels in der Phase der Dekompensation eintritt (vgl. Kap. I). Ihre Ursachen bleiben bisher umstritten. Möglicherweise handelt es sich um aus der Peripherie eingeschwemmte toxische Substanzen, so daß letztlich doch dem Schaden in der Peripherie für die Entstehung der Dekompensation die Priorität einzuräumen ist. In enger Verbindung mit der zirkulatorischen Situation stehen die Stoffwechselvorgänge im Gewebe, die durch den zunehmenden globalen O_2-Mangel des Körpers im Schock in Mitleidenschaft gezogen werden. In der Phase der Dekompensation erreicht das O_2-Defizit die kritische Grenze von 140 ml/kg [80], bei deren Überschreitung ein Überleben nur äußerst selten vorkommt. Nach JONES [218] beginnt das „uptake" etwa bei einem O_2-Defizit von 120 ml/kg. Es steigt während der Rücknahme von Blut aus dem Reservoir weiter an [46, 337]. Dabei zeigen paradoxerweise die metabolischen Meßkriterien in dieser Phase eher eine rückläufige Tendenz an, also in Richtung Normalisierung. Die Diskrepanz zwischen dem ansteigenden O_2-Defizit und den z. B. sinkenden Lactat- und Pyruvatwerten läßt sich nur mit dem Öffnen von arteriovenösen „shunts" und dem damit verbundenen Ausschluß weiter Gefäßabschnitte aus der Zirkulation, oder mit Schädigung auf cellulärer Ebene erklären. Ähnliche Schlußfolgerungen zieht SIEGEL [349], der in einem späten Stadium des allerdings septischen Schocks eine verringerte arteriovenöse O_2-Differenz bei steigendem O_2-Defizit beobachtet.

Schließlich ist für die Phase der Dekompensation der Abfall der Blutglukose charakteristisch. Die Ursachen hierfür können vielfältiger Natur sein (vgl. Kap. I). Sie erscheinen in diesem Zusammenhang nicht von so großer Bedeutung, da eine alleinige Korrektur des Blutzuckers keine entscheidende Änderung des Schockablaufes bewirkt [238]. Einen gewissen

Wert gewinnt die Glukosekonzentration im Blut in diagnostischer Beziehung.

Der Knick in der Blutzuckerkurve erfolgt stets dann, wenn die Phase der Dekompensation einsetzt. HIFT [197] stellt sogar eine direkte Beziehung zwischen der Steilheit des Blutzuckerabfalls und der Irreversibilität des unbehandelten Schocks her. Das Blutzuckerprofil besitzt somit eine prognostische Bedeutung und kann der Beurteilung eines hämorrhagischen Schockzustandes dienen. Ein steiler Blutzuckerabfall muß als besonders ungünstiges Zeichen angesehen werden.

Vor diesem pathophysiologischen Hintergrund muß die Beurteilung der eigenen Versuchsergebnisse gesehen werden. Dabei stellt sich zunächst die Frage, ob es unter den gegebenen Kontrollbedingungen gelungen ist, die Phasen der Kompensation und Dekompensation mit den gegebenen Meßkriterien zu erfassen. Außerdem wird der Versuch unternommen, die beobachteten Veränderungen soweit als möglich den α- und β-Aktivitäten zuzuordnen.

Kontrollversuche. Unter Kontrollbedingungen wird durch den massiven Blutentzug aus dem Gefäß-System eine Senkung des arteriellen Druckes bis auf 40 mmHg erreicht. Sehr schnell entwickeln sich die Zeichen einer metabolischen Acidose als Ausdruck der durch die α-Stimulation bedingten peripheren Vasoconstriction. Die bei konstanter Ventilation des Versuchstieres sinkenden pH-Werte und der Anstieg des Basendefizites sind deutlich erkennbar (Abb. 9). Die erheblich verminderte venöse O_2-Sättigung bei gleichbleibendem arteriellen O_2-Gehalt, sowie die daraus resultierende Vergrößerung der a–v Differenz zeigen eine vermehrte O_2-Ausnützung des Blutes an (Abb. 10). Der erhöhte venöse pCO_2 (Abb. 10) und die bereits in dieser Frühphase des Experiments pathologischen Lactat- und Pyruvatwerte im Blut (Abb. 11) sind untrügliche Zeichen eines beginnenden O_2-Mangels in der Peripherie. Dementsprechend sind die nach HUCKABEE errechneten „excess lactate“ Werte gleichfalls erhöht (Abb. 11). Die durch das Einströmen von Gewebsflüssigkeit verursachte Hämodilution wird mit den Hämatokritbestimmungen in der Kontrollserie nicht erfaßt (Abb. 12). Als wahrscheinliche Gründe hierfür müssen der sehr schnelle Blutdruckabfall, die sich daraus ergebende exzessive adrenerge Stimulation und die Tatsache, daß der erste durchschnittliche Hämatokritwert erst nach Ablauf einer Stunde der arteriellen Hypotension registriert wird, genannt werden.

Die bei konstanten Druckverhältnissen bis zur Erreichung eines maximalen Blutverlustes von durchschnittlich 48,9 ml/kg mit einem weiteren „bleed out“ einhergehende Phase der Kompensation umfaßt unter diesen Bedingungen etwa 3 Std (Abb. 9). Am Ende dieser Periode werden ebenfalls die höchsten Blutzuckerwerte registriert (Abb. 10). Nach einer kurzen Phase des relativen Gleichgewichtes machen sich die ersten Anzeichen des Überganges in das Stadium der Dekompensation bemerkbar. Die Hauptregelkreise, die bis zu diesem Zeitpunkt eine negative Rückkoppelung ermöglichten, brechen zusammen und schlagen in steigendem Maße in positive Rückkoppelungsvorgänge um. Die bereits vorhandenen positiven Rückkoppelungen auf der metabolischen Seite, die bisher lokal begrenzt geblieben waren, greifen auf den gesamten Organismus über.

Der sicherste Hinweis auf die vollentwickelte Phase der Dekompensation ist mit dem Einsetzen der spontanen Rücknahme von Blut aus dem Reservoir gegeben. In der Kontrollgruppe ist dieser Zeitpunkt nach Ablauf der 3. Std der Hypotension erreicht (Abb. 9). Auf die hiermit einsetzenden Plasmaverluste weisen die stark ansteigenden Hämatokritwerte hin (Abb. 12). Hiermit stimmen die Ergebnisse der zwischen der 3. und 4. Std der Hypotension durchgeführten Blutvolumenbestimmungen überein (Abb. 13). Der nahezu ausschließliche Verlust an Blutplasma beträgt kurz nach dem Auftreten der ersten Dekompensationserscheinungen bereits durchschnittlich 10% des Ausgangsvolumens. Das gleichzeitige rückläufige Verhalten der hämodynamischen- und metabolischen Meßkriterien in dieser Phase, wie z. B. der leichte pH-Anstieg (Abb. 9) und das Sistieren des Basendefizites (Abb. 9), lassen sich auch unter den Kontrollbedingungen in unserem Versuchsmodell nachweisen.

Die Analysen des Coronarsinusblutes in der Phase der Dekompensation zeigen eine hohe O_2-Extraktion (Tab. 4). Die coronarvenösen O_2-Sättigungen bleiben jedoch oberhalb der sog. kritischen Schwelle für das Herz [49]. Das Fehlen eines echten O_2-Mangels bestätigt sich in den Lactat- und Pyruvatwerten, die aus dem Sinusblut gewonnen werden konnten (Tab. 5). Die für den echten O_2-Mangel charakteristische Lactatumkehr tritt nicht ein. Der Herzmuskel extrahiert weiterhin Lactat und gibt Pyruvat ab.

Der schon erwähnte Knick in der Blutzuckerkurve zeichnet sich in dieser Phase deutlich ab (Abb. 10), und es werden nach der Aufnahme von $^1/_3$ des Reservoirblutes in der Regel hypoglykämische Werte gemessen.

Insgesamt gelingt es also, mit dem beschriebenen Versuchsmodell einen nach den allgemeinen Erfahrungen zu 80% irreparablen Schock zu erzeugen [245]. Die Versuche, die sich mit der Verhinderung bzw. der Beseitigung dieser hochgradig pathologischen Zustände befassen, müssen sich in erster Linie auf die Mechanismen richten, die die Phase der Dekompensation hervorrufen. Da das stimulierte adrenerge System, wie aus den geschilderten Zusammenhängen ersichtlich ist, hierauf einen bedeutenden Einfluß ausübt, liegt es nahe, mit Hilfe von receptorenblockierenden Substanzen nach therapeutischen Möglichkeiten zu suchen. Dabei ist jedoch stets davon auszugehen, daß die Blockierung adrenerger Mechanismen einen tiefen Eingriff in eigenregulatorische Vorgänge des Körpers bewirkt, und daß der zumindest teilweise anerge Organismus in einen Zustand versetzt wird, der wichtiger eigenregulatorischer Reflexe und Schutzmechanismen beraubt ist.

α-Blockade. Mit der isolierten, kompletten Blockade der α-Receptoren mit Dibenzylin ist uns die Möglichkeit gegeben, die adrenerge Stimulation teilweise zu unterbrechen. Nach Verabfolgung des α-Blockers kann die hämorrhagische Hypotension unter den gleichen Bedingungen wie in der Kontrollgruppe 13–14 Std hindurch aufrechterhalten werden, ohne daß sich das definierte Bild des hämorrhagischen Schocks entwickelt. Es bildet sich weder eine stärkere metabolische Acidose aus (Abb. 9), noch wird ein „uptake", das Kardinalsymptom der Phase Dekompensation, beobachtet. Wie aus der Analyse der Blutverluste jedoch hervorgeht, sind sowohl der initiale, der maximale wie auch der durchschnittliche Blutverlust signifikant kleiner als in der Kontrollgruppe (Abb. 9). Ein wesentlicher Teil des Schutzeffektes wird damit über den geringeren Blutverlust, das daraus resultierende größere zirkulierende Blutvolumen und den somit kleineren Kreislaufstreß erklärbar. Der Schock in der Gruppe der unbehandelten Tiere würde bei geringerem Blutverlust ohne Zweifel weniger schwer verlaufen oder gar nicht eintreten. Diese Frage wird später im Zusammenhang mit der kombinierten Blockade noch einmal aufgegriffen. Insgesamt stimmt das erzielte Resultat mit den Ergebnissen zahlreicher Untersucher überein, die den Schutzeffekt einer reinen α-Blockade ebenfalls auf den geringeren Blutverlust zurückführen [149, 212, 245, 250].

Im Einzelnen führt die Blockade der α-Receptoren vor allem zur Hemmung der Vasoconstriction der Widerstands- und Kapazitätsgefäße. Die Durchblutung der im Schock normaliter besonders von der Vasoconstriction betroffenen Gefäßabschnitte, wie z. B. der Bauchorgane [245], bleibt soweit ausreichend, als die Entstehung schwerer metabolischer und hämodynamischer Veränderungen in diesen Bereichen verhindert wird. Der Ausbildung der Filtrationsumkehr wird dadurch die Grundlage entzogen.

Die verbesserte Gewebsfusion ist bei allgemein konstanten Druckverhältnissen notwendigerweise an ein größeres zirkulierendes Blutvolumen gebunden. Diese Voraussetzung wird nicht nur durch den geringeren Blutverlust als in der Kontrollgruppe erfüllt, sondern sie wird außerdem durch den vermehrten Flüssigkeitseinstrom aus dem cellulären- und interstitiellen in den vasculären Raum gefördert. Die Zunahme des Plasmavolumens schlägt sich in den unter die Ausgangswerte sinkenden Hämatokriten nieder (Abb. 12). Ähnliche Resultate sind auch von anderen Untersuchern beschrieben worden [117, 286, 310].

Die kardiale Situation am Ende der Beobachtungszeit, wie sie sich aus der Beurteilung der coronarvenösen Meßwerte ergibt, entspricht den geringen pathologischen Veränderungen in der Peripherie (Tab. 3–5). Da im Herzen die α-Receptoren nur vereinzelt vertreten sind, ist allein aus dieser Sicht von einer α-Blockade nur ein geringer Einfluß auf kardiale Funktionen zu erwarten.

Mit Hilfe der α-Blockade sind wir somit in der Lage, auch bei extremer Hypotonie die Anhäufung größerer O_2-Defizite bei intakten kardialen Verhältnissen zu verhindern. Die Vorgänge der Phase der Dekompensation treten nicht in Erscheinung. Dieser günstige Effekt auf den Verlauf einer hämorrhagischen Hypotension wird jedoch, wie bereits erwähnt, durch den geringeren Blutverlust und den gleichermaßen verminderten Kreislaufstreß abgeschwächt und evtl. in Frage gestellt. Ohne pharmakologische Beeinflussung des Gefäß-Systems verhält sich der Schweregrad des hämorrhagischen Schocks annähernd direkt proportional zum Blutverlust und umgekehrt proportional zur Dauer der Kompensation. Unter experimentellen Bedingungen gelingt es praktisch nicht, nach einer α-Blockade einen ebenso starken zirkulatorischen Streß wie in der Kontrollserie zu erzeugen. Bei Durchsicht der Literatur zu diesem Problem fällt auf, daß einer genauen Analyse des Blutverlustes in der Regel wenig Beachtung beigemessen wird. Andererseits ist es für die Regulationsmechanismen des Körpers jedoch nicht bedeutungslos, in welcher Zeit die einzelnen Blutverluste erreicht werden, und wie lange das Blut dem Organismus entzogen bleibt. Bei arteriellen Drukken um 40 mmHg verfügen relativ kleine Blutmengen bereits über einen erheblichen Einfluß auf die zirkulatorischen Verhältnisse. Von einem echten Nutzeffekt einer adrenergen Blockade im hämorrhagischen Schock kann daher erst die Rede sein, wenn der zirkulatorische Streß mit der entsprechenden Kontrollgruppe tatsächlich vergleichbar ist. Diese Voraussetzungen lassen sich für die α-Blockade nicht erfüllen. Ihr therapeutischer Effekt muß deshalb als gering angesehen werden.

β-Blockade. Bei der Beurteilung der Reaktion einer isolierten β-Blokkade auf den Ablauf der hämorrhagischen Hypotension sind im wesentlichen 3 Hauptwirkungen der β-Blocker zu berücksichtigen: 1. die vasoconstrictorischen Einflüsse auf die Peripherie, 2. die negativ inotropen Herzeffekte mit zusätzlichen kardiodepressiven Nebenwirkungen und 3. die Hemmung metabolischer Prozesse.

Unter den standardisierten Bedingungen läßt sich nach einer β-Blockade mit 39'089 Ba[13] ein im Vergleich zur Kontrollgruppe nahezu gleichartiger zirkulatorischer Streß erzielen. Die anfänglichen Blutverluste unterscheiden sich nicht signifikant voneinander (Abb. 9). Trotzdem entwickeln sich in der Peripherie teilweise schwerere metabolische Veränderungen. Das allgemeine O_2-Defizit steigt schneller an, wie aus den höheren Lactat- und „excess lactate" Werten hervorgeht (Abb. 11). So verwundert auch der gegenüber der Kontrollgruppe signifikant verkürzte Ablauf der standardisierten Hypotension nicht. Das „uptake" setzt früher ein (Abb. 9), und der Prozeß der Hämokonzentration wird verstärkt (Abb. 12). Möglicherweise wird die über die gleichzeitige α-Stimulation bewirkte periphere Vasocon-

[13] Trasicor

striction durch die β-Blockade vermehrt. Über das Ausmaß dieser zusätzlichen Vasoconstriction können jedoch aufgrund der vorliegenden Meßkriterien keine Aussagen gemacht werden.

Das Ausmaß der Zirkulationsstörungen hängt jedoch nur zu einem Teil von den peripheren Veränderungen ab. In gleicher Weise muß die Herzleistung berücksichtigt werden. Im Falle der β-Blockade ist diesem Faktor auch unter gesunden kardialen Bedingungen besondere Aufmerksamkeit zu schenken, da die β-Receptoren im Herzen überwiegen. Durch die β-Blockade wird die positiv inotrop wirkende Stimulation der β-Receptoren nach Hämorrhagie zumindest teilweise verhindert. Die im Experiment bradykard schlagenden Herzen weisen darauf hin. Die Peripherie wird durch diesen Umstand insofern ungünstig beeinflußt, als der erhebliche Anstieg der Herzleistung über die β-Stimulation während der hämorrhagischen Hypotension ausbleibt. Wie aus den Meßergebnissen des coronarvenösen Blutes in der Phase der Dekompensation ersichtlich ist (Tab. 3–5), entsprechen die Parameter der allgemeinen Schocksituation. Anhaltspunkte für einen O_2-Mangel des Herzens ergeben sich jedoch nicht. Das gewissermaßen im Schongang arbeitende Herz läßt die sonst im Schock üblichen strukturellen Myokardschäden vermissen [108]. Auch treten, wie wir nachweisen konnten [258], unter dem Einfluß der β-Blockade im Schock keine Störungen im Enzymverteilungsmuster des linken Ventrikels auf. Diese für das Herz als isoliertes Organ günstigen Auswirkungen der β-Blockade, die sich aus der Hemmung der adrenergen Stimulation ergeben, ändern nichts an der eingeschränkten Leistungsbreite des Herzens, die allein für das allgemeine Schockgeschehen entscheidend ist.

Die Leistungsfähigkeit des Herzens wird außerdem noch durch zwei weitere Faktoren beeinträchtigt. Einmal sind es die von den derzeit gebräuchlichen β-Blockern ausgehenden kardiodepressiven Nebenwirkungen. Diese Eigenschaften sind offensichtlich substanzgebunden und bei jedem Präparat verschieden stark ausgeprägt [52, 150]. Ihren Einfluß auf die hämorrhagische Hypotension haben wir in vergleichenden Experimenten für die β-Blocker 39'089 Ba und Propranolol[14] untersucht [412].

Trotz angeblich gleicher receptorenblockierender Eigenschaften sind signifikante Unterschiede zwischen den Schockverläufen zu beobachten. Unter dem Einfluß des Blocker Propranolol setzt trotz eines geringeren Blutverlustes das Stadium der Dekompensation früher ein, und die metabolischen Veränderungen sind schwerwiegender als nach Verabfolgung einer entsprechenden Dosis 39'089 Ba. Zum anderen ist die schwere metabolische Acidose zu nennen, die erwiesenermaßen die Contractionskraft des Herzmuskels herabsetzt.

---

[14] Inderal

Die in der Kontrollgruppe nachgewiesene Hyperglykämie während der Phase der Kompensation wird durch die Blockade der β-Receptoren fast vollständig verhindert (Abb. 10). Da das Ausmaß des zirkulatorischen Streß in beiden Gruppen nahezu gleich ist, erscheint die Annahme berechtigt, daß die durch eine Hämorrhagie induzierte Hyperglykämie überwiegend eine Folge der β-Stimulation ist. Zu der Frage, ob sich die Hemmung dieses Effektes für das allgemeine Schockgeschehen günstig oder ungünstig auswirkt, kann aufgrund der eigenen Ergebnisse nicht Stellung genommen werden. Eine gewisse Schonung der Glykogenreserven des Organismus wäre vorstellbar.

Insgesamt gesehen, ist unter den gegebenen Versuchsbedingungen von einer β-Blockade für den Ablauf des experimentellen hämorrhagischen Schocks kein sichtbarer Schutzeffekt festzustellen. Eher besteht die Tendenz zu einer allgemeinen Erschwerung der hämodynamischen und metabolischen Situation. Diese Tatsache erlaubt allerdings nicht den Schluß, daß unter keinen Umständen von einer β-Blockade schützende Reaktionen ausgelöst werden. Es besteht durchaus die Möglichkeit der Verschleierung positiver Effekte durch die im ganzen negative Bilanz. Der Schutz des Herzmuskels vor den Schäden langdauernder adrenerger Stimulation ist bereits genannt worden.

Nach der Auffassung von Berk [39] wird der im Schock so gefürchtete Effekt des „pooling" durch die β-Blockade verhindert. Seine Arbeitshypothese ist im Kapitel V eingehend erörtert worden.

Kombinierte adrenerge Blockade. Von einem echten Nutzeffekt einer adrenergen Blockade für die hämorrhagische Hypotension können wir erst dann sprechen, wenn bei gleichen Blutverlusten wie in der Kontrollserie ein weitgehender metabolischer Schutz erzielt wird. Aus diesen Überlegungen heraus wird von uns der Einfluß der kombinierten Blockade auf die hämorrhagische Hypotension untersucht. Dabei stellt sich zunächst die Frage, ob die für das Schockgeschehen positiven Eigenschaften der α- und β-Blocker in einer Kombination beider unter möglicher Abschwächung ihrer negativen Auswirkungen genutzt werden können. Von seiten der α-Blockade liegen die erwünschten Reaktionen in dem Schutz vor schweren metabolischen Veränderungen und als Folge davon der Vermeidung der Phase der Dekompensation. Von der β-Blockade her wird eine Tonuszunahme vor allem der Kapazitätsgefäße erwartet. Hierdurch sollte die nach α-Blockade verminderte Toleranz gegenüber Blutverlusten erhöht werden. Bereits geringfügige Tonusverschiebungen innerhalb der Kapazitätsgefäße ziehen bei konstanten Druckverhältnissen beträchtliche Volumenänderungen nach sich [96, 233]. Die von Berk angenommene Gefahr des „pooling" würde verringert, und angesichts des metabolischen Schutzes durch die α-Blockade würden mögliche Herzinsuffizienzerscheinungen dieser Genese vermieden. Auch könnte dann der Schutz des Herzens vor den Schädigungen langdauernder adrenerger Stimulation zur Geltung gelangen.

Aus den Resultaten des Faktorenversuches, der mit dem Ziel der Ermittlung einer optimalen Dosierung ausgeführt wird, lassen sich bereits einige Fragen beantworten. In der Kombination des α-Blockers Phenoxybenzamin[15] und des β-Blockers 39'089 Ba gelingt es bei Kaninchen unter Erhaltung eines weitgehenden Schutzes gegenüber metabolischen Veränderungen, den Blutverlust gegenüber der reinen α-Blockade signifikant zu erhöhen (Abb. 5). Dabei liegt im Falle der kombinierten Blockade kein einfacher Summationseffekt vor, sondern die beiden Substanzen beeinflussen sich in ihrer Wirkung gegenseitig. Die sog. positive Wechselwirkung äußert sich z. B. in den Meßwerten des Säurebasenhaushaltes 3 Std nach Ablauf der hämorrhagischen Hypotension (Abb. 8). Die vorteilhafteste Dosierung liegt bei 0,1 mg/kg 39'089 Ba und 1 mg/kg Phenoxybenzamin. Mit dieser auf die Hundeversuche übertragenen Dosierung kann die standardisierte Hypotension 13–14 Std und länger hindurch aufrechterhalten werden, ohne daß im peripheren Blut Zeichen von Perfusionsstörungen des Gewebes in Erscheinung treten. Das heißt, die indirekten Parameter für den allgemeinen O_2-Mangel steigen nicht wesentlich an (Abb. 11). Dementsprechend entwickelt sich auch keine stärkere metabolische Acidose (Abb. 9). Die in Schockzuständen vom O_2-Mangel am stärksten betroffenen Gebiete, wie die Splanchnicus- und Lungenabschnitte, werden offensichtlich noch ausreichend mit energiereichen Substanzen, vor allem mit Sauerstoff versorgt. Die gefährlichen Flüssigkeitsverschiebungen in Gestalt von Plasmaverlusten in das Gewebe treten nicht auf. Im Gegenteil, es wird die Phase der Hämodilution wesentlich verlängert, und der Plasmazuwachs in der Blutbahn beträgt noch nach 4–5stündiger arterieller Hypotension 5% des Ausgangsblutvolumens (Abb. 13). Während der gesamten Beobachtungszeit treten keine echten Dekompensationserscheinungen auf.

Auch von seiten des Herzens gibt es keine Hinweise für nennenswerte Störungen. Am Ende des Versuches bieten die Meßwerte des Coronarsinusblutes keine Anhaltspunkte für einen O_2-Mangel des Herzmuskels (Tab. 3 bis 5). Funktionell zeigt sich eine gute Tonisierung bei regelmäßiger Frequenz.

Der Blutglukosespiegel bleibt praktisch während des ganzen Versuches im Bereich der Norm. Es treten weder Hyper- noch Hypoglykämien auf (Abb. 10), so daß auch nach Ablauf der langen Versuchsperiode die Glykogenreserven scheinbar nicht erschöpft sind.

---

[15] Dibenzylin

Die wichtige Frage nach dem Blutverlust ist gegenüber der reinen α-Blockade positiv zu beantworten. In allen Phasen der Hypotension wird ein signifikant höherer Blutverlust nach kombinierter Blockade gemessen (Abb. 9). Beachtenswert erscheint die Tatsache, daß trotz des ungleich größeren zirkulatorischen Streß sich die überwiegende Anzahl der untersuchten Meßgrößen günstiger als unter der reinen α-Blockade verhält. Die Abweichungen von der Norm erscheinen noch kleiner. Es drängt sich die Vermutung auf, daß der zusätzliche vorteilhafte Effekt – höherer Blutverlust bei geringeren metabolischen Veränderungen – als eine Folge der β-Blockade anzusehen sei. Das Ergebnis des Faktorenversuches weist schon auf das Vorliegen einer positiven Wechselwirkung zwischen beiden Substanzen hin. Über ähnlich günstige Resultate nach Anwendung einer kombinierten Blockade berichtet HALMAGYI [179]. Bei Hunden und Schafen kann er die Entstehung einer metabolischen Acidose nach hämorrhagischer Hypotension verhüten.

Mit Hilfe der kombinierten Blockade gelingt es also, den zirkulatorischen Streß unter Aufrechterhaltung eines weitgehenden metabolischen Schutzes gegenüber der reinen α-Blockade zu erhöhen. Es stellt sich jetzt die Frage nach dem Vergleich mit der unbehandelten Versuchsgruppe. Von einer echten Schutzwirkung können wir erst dann sprechen, wenn die Streßbedingungen miteinander vergleichbar sind. Wie die Analyse der Blutverluste beider Gruppen zeigt, liegen sowohl der initiale als auch der durchschnittliche Blutverlust der Anfangsphase in der Kontrollgruppe höher (Abb. 9). Obgleich diese Unterschiede nicht mehr sehr groß sind, so muß der zirkulatorische Streß in der Kontrollgruppe doch als stärker bezeichnet werden, zumal kleine Differenzen im Entblutungsvolumen bei Drucken zwischen 40–60 mmHg in ihren Auswirkungen auf die allgemeine Zirkulation nicht unterschätzt werden dürfen. Unter der kombinierten Blockade gelingt es gleichfalls nicht, einen in allen Zeitabschnitten mit der Kontrollgruppe vergleichbaren zirkulatorischen Streß zu erzeugen, der außerdem die standardisierten Versuchsbedingungen erfüllt.

Um der Forderung nach gleichen Blutverlusten näherzukommen, haben wir in einer weiteren unbehandelten Versuchsgruppe die Blutverluste denen der kombiniert blockierten Tiere angeglichen, ohne Rücksicht auf hiermit verbundene Drucksteigerungen zu nehmen. Den Tieren wurde jeweils soviel Blut in der Blutbahn belassen, wie die kombiniert blockierten Tiere nach 4–5stündiger Hypotension aufgrund der Blutvolumenbestimmung aufwiesen. Durch die Veränderung am Modell wird der Charakter des Versuchsablaufes geringfügig abgewandelt. Bei konstantem Blutverlust entwickelt sich zunächst die Phase der Depression, die dem Blutentzug entspricht. Dann folgt ein 2–4stündiger Zeitabschnitt der relativen Erholung. Die Kompensationsmaßnahmen des Organismus, die nicht durch ständig weiteren Blutentzug vereitelt werden, können sich auswirken. Die überwiegende Zahl der Meßgrößen verhält sich rückläufig (Abb. 14–16). Etwa nach 4stündiger Hypotension sind die Möglichkeiten der Kompensation offensichtlich erschöpft, und deutliche Anzeichen der allgemeinen Verschlechterung machen sich bemerkbar. Wenn in dem begrenzten Beobachtungszeitraum auch die vollentwickelte Phase der Dekompensation nicht erreicht wird, so ist an ihrem Herannahen schon wegen der sich vertiefenden metabolischen Acidose und des stetigen Hämatokritanstieges kaum ein Zweifel (Abb. 9–11). Unter gleichen Streßbedingungen schwächt sich der Schweregrad der hämorrhagischen Hypotension in der unbehandelten Gruppe zwar ab, am Grundcharakter des Versuchsablaufes ändert sich jedoch offensichtlich nichts. Positive Rückkoppelungsvorgänge breiten sich zunehmend aus, und die Phase der Dekompensation erscheint unvermeidlich. Diese Annahme findet in dem von Schmid und Schmier [369] angegebenen normotonen hämorrhagischen Schockmodell eine indirekte Bestätigung. In dieser Versuchsanordnung wird den Tieren lediglich die Blutmenge entzogen, die eine Senkung des arteriellen Druckes bis auf 40 mmHg bewirkt, und anschließend bleiben die Tiere ihren eigenen Kompensationsmaßnahmen überlassen. Obwohl die Blutverluste durchschnittlich geringer als unter der kombinierten Blockade sind, entwickelt sich ungeachtet erheblicher Anstiege des Systemdruckes innerhalb von 6–10 Std die Phase der Dekompensation, und der tödliche Ausgang des Schocks ist in der Regel unvermeidlich.

Die kombinierte adrenerge Blockade bewirkt also unter den gegebenen experimentellen Bedingungen auch während sehr langanhaltender hämorrhagischer Hypotensionen einen wirksamen Schutz gegenüber metabolischen Veränderungen. Worin sind nun die Ursachen für das Ausbleiben dieser Stoffwechselentgleisungen und damit des dekompensierten hämorrhagischen Schocks zu sehen? In seinen Experimenten mit der kombinierten Blockade kommt Halmagyi [179] zu dem Schluß, daß die metabolische Acidose im Schock vor allem eine Folge der β-Aktivität der zirkulierenden Katecholamine sei, und er führt daher die Hemmung der Acidoseentwicklung vorrangig auf die Blockade der β-Receptoren zurück. Wie die eigenen Versuchsergebnisse nun zeigen, sind wir nicht imstande mit Hilfe der alleinigen β-Blockade, die Acidoseentstehung zu verhüten. Auch liegen keine Anhaltspunkte dafür vor, daß sie vermindert würde. Vielmehr scheint es, daß auch unter dem Einfluß blockierender Substanzen für die Ausbildung der metabolischen Acidose der Grad der Gewebsperfusion und des O_2-Transportes entscheidend ist. Die verbesserte Gewebsdurchblutung setzt notwendigerweise neben intakten kardialen Verhältnissen ein vermehrtes zirkulierendes Blutvolumen voraus. Es drängt sich daher die Vermutung auf, daß unter dem Einfluß der kombinierten Blockade das zirkulierende Blutvolumen unverhältnismäßig größer sein müsse als in den unbehandelten Gruppen. Der nur wenig kleinere Blutverlust bietet hierfür keine ausreichende Erklärung. Für einen zusätzlichen Mechanismus sprechen die in den ersten Stunden der Hypotension deutlich sinkenden Hämatokritwerte (Abb. 12). Sie zeigen eine Hämodilution an, die unter diesen Bedingungen nur aus dem Einströmen von extravasculärer Flüssigkeit in die Blutbahn resultieren kann. Die Möglichkeit der Erythrocytenverluste bei intakter Gefäßbahn erscheint gering und wird auch durch die Ergebnisse der Blutvolumenbestimmungen ausgeschlossen. Hierbei zeigt sich nämlich, daß zwischen der kombinierten Blockade und der ersten Kontrollgruppe eine totale Differenz im zirkulierenden Blutvolumen von 14% des Ausgangsvolumens vorliegt (Abb. 13), die nahezu ausschließlich auf Unterschieden im Plasmavolumen beruht. Für die zirkulierenden Blutvolumina beträgt die absolute Differenz nahezu 25%. Aber auch in der Gruppe mit dem konstanten Blutverlust, der dem Verlust unter kombinierter Blockade entspricht, zeigt sich zwischen der 4. und 5. Std der Hypotension ein Plasmavolumenunterschied von 7% des Ausgangsblutvolumens (Abb. 13). Durch die kombinierte Blockade wird demnach der Eintritt von Gewebsflüssigkeit in die Blutbahn gefördert. Noch bedeutsamer allerdings erscheint die Tatsache, daß der Abfluß von Plasma aus der Blutbahn vermieden werden kann. Die gefürchtete Filtrationsumkehr, die in beiden Kontrollgruppen nachzuweisen ist, setzt nicht ein.

Der entscheidende Nutzeffekt einer kombinierten Blockade, die vor Beginn eines zirkulatorischen Streß eingesetzt hat, liegt in ihrer peripheren Wirksamkeit. Die α-Blockade mit gleichzeitiger Blockade der β-Receptoren ermöglicht bei nur geringgradig eingeschränkter Toleranz gegenüber Blutverlusten auch unter Extrembedingungen die Aufrechterhaltung des normalen Druckgefälles in den Capillaren, wodurch eine für die peripheren Belange ausreichende Minimalzirkulation gewährleistet wird. In diesem Zusammenhang kommt insbesondere der α-Blockade des postcapillären Sphincter eine große Bedeutung zu. Sie entzieht jedem pathologischen Anstieg des hydrostatischen Druckes in den Capillaren die Grundlage. Mit der kombinierten adrenergen Blockade besitzen wir somit die Möglichkeit einer echten Schockprophylaxe. Ihr Anwendungsgebiet in der Medizin muß jedoch als begrenzt bezeichnet werden, da das Schockgeschehen in der Regel ein unvorhersehbares Ereignis ist.

β-Stimulation. Die am standardisierten Versuchsmodell gewonnenen Ergebnisse mit der isolieretn β-Stimulation durch Isoproterent[16] bilden eine Ergänzung zum Fragenkomplex der adrenergen Blockade im hämorrhagischen Schock. Unter den Extrembedingungen entwickelt sich innerhalb eines Zeitabschnittes, der sich von der Kontrollserie nicht signifikant unterscheidet, die Phase des dekompensierten hämorrhagischen Schocks, die u. a. durch das „uptake“, die metabolische Acidose und die zunehmende Hämokonzen-

[16] Alupent

tration gekennzeichnet ist (Abb. 14–17). Obwohl auch die β-Stimulation bereits vor dem Beginn der Hämorrhagie erfolgt ist, kann ein Schutzeffekt, wie er unter der kombinierten Blockade beobachtet wird, unter diesen Bedingungen nicht registriert werden. Über ähnliche experimentelle Ergebnisse haben kürzlich andere Untersucher berichtet [25, 359].

Die Überlebensraten waren gegenüber den Kontrollgruppen nicht verbessert. Der zirkulatorische Streß erreicht in den eigenen Versuchen allerdings mindestens so große Ausmaße wie in der Kontrollgruppe. Der initiale Blutverlust liegt sogar höher. Insgesamt ist er stärker als unter der kombinierten Blockade (Abb. 14). Der die Herzleistung steigernde Effekt der β-Stimulation erhöht offensichtlich die Toleranz gegen einen Blutverlust leicht, in der Peripherie werden jedoch die Dekompensationserscheinungen trotz des vasodilatierenden Einflusses der β-Stimulation nicht verhütet. Mit Hilfe der Blutvolumenbestimmung wird zwischen der 4. und 5. Std der Hypotension ein Plasmaverlust von 3% des Ausgangsblutvolumens festgestellt (Abb. 13). Das Auftreten der Filtrationsumkehr trotz vasodilatierender Reaktionen in der Peripherie erklärt sich daraus, daß die β-Stimulation, wie ABBOUD [2] nachgewiesen hat, vorwiegend auf die Dilatation der Widerstandsgefäße und des präcapillären Sphincters wirkt. Da der postcapilläre Sphincter weitgehend unbeeinflußt bleibt, kann der hydrostatische Druck in den Capillaren nicht fallen. Ja, er müßte sich bei effektiver Vasodilatation des präcapillären Sphincters eher erhöhen. Diese Zusammenhänge gelten wohlgemerkt für die Spätphase des Schocks. Die teilweise günstigen klinischen Erfahrungen mit der Anwendung der β-Stimulation in verschiedenen Schocksituationen stehen hierzu nicht ohne weiteres im Widerspruch. Im anschließenden Kapitel wird diese Frage noch einmal erörtert.

Bedeutung der Versuchsergebnisse für die Anwendung adrenerger Substanzen im dekompensierten Schock. Für das langfristig wichtigere Problem der Therapie des manifesten, therapieresistenten experimentellen Schockzustandes ergeben sich folgende Schlußfolgerungen. Der späte hämorrhagische Schock, wie er mit dem verwendeten Versuchsmodell unter unbeeinflußten Bedingungen erreicht wird, ist durch das Stadium der Dekompensation charakterisiert. Der Blutdruckabfall als Folge des „uptake“ bildet das Hauptsymptom der Dekompensation. Pathophysiologisch liegt diesem Phänomen entweder eine Abnahme der Herzkraft, oder die acidosebedingte Tonusminderung des präcapillären Sphincters zugrunde, die ihrerseits in den Capillaren zur Filtrationsumkehr Anlaß gibt. Alle therapeutischen Maßnahmen in der Phase der Dekompensation haben diese Situation zu berücksichtigen.

Abgesehen von den Möglichkeiten einer kardialen Therapie wäre daher theoretisch von einer Erhöhung des präcapillären Sphinctertonus ein wirksamer Effekt zu erwarten, da hierdurch das pathologische Druckgefälle wieder normalisiert werden könnte. Aus therapeutischer Sicht bietet sich hier zunächst die Neutralisierung der metabolischen Acidose an, die eine verbesserte Ansprechbarkeit des präcapillären Sphincters auf die bestehende adrenerge Stimulation mit sich bringen würde. Sowohl im Experiment wie auch in der Klinik ist erfahrungsgemäß solch ein günstiger Effekt, der sich allerdings auch auf die Herzleistung auswirkt, nach Injektion einer Bikarbonatlösung zu beobachten. Die Besserung ist jedoch nur von kurzer Dauer, da sich an der Situation grundsätzlich nichts ändert. Sobald die Acidose beseitigt ist, verursachte die fortbestehende adrenerge Stimulation wieder über die Minderdurchblutung eine erneute Tonusminderung des präcapillären Sphincters. Diese Tatsache ist klinisch vielfach bestätigt worden. Auch experimentell kann durch eine alleinige Korrektur der Acidose der späte Schockzustand nicht durchbrochen werden [281].

Der Versuch den präcapillären Tonus über eine zusätzliche α-Stimulation zu erhöhen, hat bekanntlich katastrophale Folgen [129, 243, 275, 407]. Die verstärkte Vasoconstriction fördert die Gewebshypoxie, d. h. die Acidoseentwicklung und den Plasmaverlust. Ein progredienter Verlauf ist unausbleiblich. Daran vermag auch die gleichzeitige Korrektur der Acidose wenig zu ändern. Es wird im Gegenteil die Acidoseentstehung im Gewebe forciert und Korrekturmaßnahmen werden immer häufiger notwendig.

Die zusätzliche isolierte Stimulation der β-Receptoren verspricht auf den ersten Blick über den positiv inotropen Herzeffekt und die Senkung des peripheren Widerstandes ein günstiges Ergebnis. Bei der näheren Analyse der Wirkungsweise kommen jedoch Zweifel auf, da aus der Sicht der Peripherie vorwiegend der Tonus der Widerstandsgefäße und des präcapillären Sphincters gesenkt wird [1, 98]. In dieser Situation kann sich das Phänomen der Filtrationsumkehr daher nur verstärken, oder, weil der Sphinctertonus in der Phase der Dekompensation bereits herabgesetzt ist, wird die β-Stimulation in der Peripherie gar nicht wirksam. Tatsächlich ist, wie eigene orientierende Versuche gezeigt haben, im Gegensatz zum Normalzustand während fortgeschrittener Schockzustände kaum ein Kreislaufeffekt nach einer β-Stimulation zu beobachten. Die zu erwartende Blutdrucksenkung bleibt aus [47, 278]. So kann z.B. Myers [278] den unter Normalbedingungen üblichen Anstieg der Pfortaderdurchblutung und des intestinalen O_2-Verbrauches im tiefen Schock nicht nachweisen. Wie unsere Ergebnisse zeigen, kann das „uptake" nicht verhindert werden. Für eine begrenzte Zeit ist von einer β-Stimulation vor allem wegen des positiv inotropen Herzeffektes ein durchaus günstiger Einfluß zu erwarten. Der gefährliche circulus vitiosus in der Peripherie wird im fortgeschrittenen hämorrhagischen Schock jedoch nicht durchbrochen.

Von einer zusätzlichen Neutralisierung neben der β-Stimulation ist ebenfalls keine grundsätzliche Änderung der zirkulatorischen Verhältnisse zu erwarten, da der als Folge der Acidosekorrektur ansteigende präcapilläre Sphinctertonus durch die β-Stimulation wieder gesenkt würde, was sich eher negativ auswirken sollte.

Eine grundlegende Änderung im Sinne der Normalisierung der zirkulatorischen Verhältnisse in der dekompensierten Schocksituation ist offensichtlich mit den genannten Maßnahmen nicht möglich. Es bleibt der Weg über die Beeinflussung des postkapillären Sphincters zu erörtern. Dieser Sphincter spricht, wie experimentell nachgewiesen ist, unter acidotischem Milieu länger auf adrenerge Reize an als der präcapilläre Sphincter. Notwendig erscheint, um eine Änderung der hydrostatischen Verhältnisse in den Capillaren herbeizuführen, eine Tonussenkung. Sie gelingt mit Hilfe der α-Blockade, die in der Spätphase des Schockes praktisch ausschließlich den postcapillären Sphincter beeinflussen sollte, da der präcapilläre infolge der Acidose weniger reaktionsfähig ist. Die periphere Wirksamkeit der α-Blockade im bereits etablierten Schock ist vielfach erwiesen. Sie äußert sich in hämodynamischer Beziehung in einem Druckabfall, der durch schnellen Volumenersatz kompensiert werden muß. Da naturgemäß relativ weite Gefäßabschnitte gleichzeitig von der α-Blockade betroffen werden, ist vielfach besonders bei vorbestehender Hypovolämie der Druckabfall so ausgeprägt, daß trotz massiver Infusionen ein schnelles Kreislaufversagen nicht zu verhindern ist. Aus der klinischen Therapie sind solche Fälle beschrieben worden [47]. Aber auch im Zusammenhang mit einem ausreichenden Flüssigkeitsersatz erwächst in dieser Situation eine weitere beträchtliche Gefahr. Das schnell ansteigende zirkulierende Blutvolumen setzt, wenn es zur Kompensation der Zirkulation führen soll, einen ebenso schnellen Anstieg der Volumenarbeit des Herzens voraus. Die beträchtliche Gefahr der Herzinsuffizienz und auch des Herzversagens in dieser Situation liegt auf der Hand. Im Experiment bestätigt sich diese Annahme in der Phase der Dekompensation.

Die gleichzeitige Blockade der β-Receptoren wirkt ohne Zweifel in einigen Punkten der α-Blockade entgegen und schwächt somit ihren Wirkungseffekt ab. Bei den Kapazitätsgefäßen wäre dies bezüglich einer besseren Tonisierung durchaus erwünscht. Im Zusammenhang mit der α-Blockade und in der angegebenen Dosierung ist eine Beeinflussung der Sphinctermechanismen mit den derzeitig bekannten Methoden nicht nachgewiesen. Der negativ inotrope Herzeffekt bringt eine wenig vorteilhafte Bremsung der Herzleistungssteigerung mit sich. Von selektiv peripher wirkenden β-Blockern wäre eine Verbesserung der Ergebnisse zu erwarten.

Zusammenfassend ist festzustellen, daß sich mit zunehmendem Schweregrad eines Schockzustandes die Lücke zwischen den zirkulatorischen Bedürfnissen des Organismus und der tatsächlichen Kreislaufleistung vergrößert, d.h. es müssen gleichzeitig der fortlaufende O_2-Bedarf gedeckt und die angelaufene O_2-Schuld getilgt werden. Von einem Versuch, die positive Rückkoppelung im späten Schock in eine negative umzuwandeln, ist daher mit zunehmender Schocktiefe nur dann ein Erfolg zu erwarten, wenn entsprechend ansteigende Leistungen von der Zirkulation erbracht werden können. Eine Umkehr der peripheren Gefäßreaktionen in Richtung Normalisierung ist mit Hilfe der kombinierten Blockade möglich. Ihre periphere Wirksamkeit scheint mit wachsender Schocktiefe trotz gleichbleibender Dosierung anzusteigen. Die peripheren Auswirkungen der kombinierten Blockade auf das Herz lassen sich im Vergleich zur reinen α-Blockade durch die Blockade der β-Receptoren abschwächen. Der Gesamterfolg dieser Maßnahmen ist jedoch in hohem Maße von der Herzleistung abhängig. Mit dem Einsetzen der wirksamen vasoaktiven Therapie muß gleichzeitig die Herzleistung mit wachsender Schocktiefe vermehrt ansteigen. Wie wir aber aus vielen Untersuchungen des Herzens im Schock wissen, ist seine Leistungsfähigkeit trotz des Fehlens eines echten O_2-Mangels deutlich eingeschränkt. Somit sind den Chancen, in schweren Schockzuständen mit einer kombinierten adrenergen Blockade Erfolge zu erzielen, vom Herzen her Grenzen gesetzt. Diese Grenzen näher zu definieren müßte das Ziel weiterer Untersuchungen sein.

Kapitel VIII

Adrenerge Stimulation und Blockade in der klinischen Schockbehandlung

Bei der Übertragung der im Tierexperiment gewonnenen Ergebnisse auf die Pathophysiologie des menschlichen Schocks und seine Therapie müssen stets die vorhandenen Unterschiede zwischen der Tier- und Humanphysiologie berücksichtigt werden. In mancher Hinsicht reagieren die für die Versuche verwendeten Tiere im Verlaufe des hämorrhagischen Schocks anders als Menschen.

Eine Bedeutung besitzt in diesem Zusammenhang die Splanchnicuszirkulation des Hundes. Die sog. Lebervenensperre, die vor allem nach Injektion von Toxinen beobachtet wird, spielt möglicherweise auch im Verlauf eines hämorrhagischen Schocks eine Rolle. Infolge spezifischer Unterschiede in der intrahepatischen Gefäßarchitektonik [153, 276, 346] kommt es nach der Injektion von Toxinen zu einer schlagartigen Pfortaderdruckerhöhung mit gleichzeitigem Absinken der Pfortaderdurchströmung [276, 358]. Dieser zu einer Strömungsverlangsamung im Mesenterialkreislauf führende Effekt ist allerdings nach wenigen Minuten wieder rückläufig [360], er muß jedoch als potenzierender Faktor für die Entwicklung des Splanchnicus-„pooling“ angesehen werden [268]. Mesenterial-„pooling“ und Intestinalblutungen kommen als posthämorrhagische Veränderungen beim Menschen viel seltener vor und sind, sobald sie in Erscheinung treten, bei Menschen [203, 204, 273] und bei Affen [4, 103, 339] weniger ausgeprägt. Auch die nach Ablauf eines experimentellen hämorrhagischen Schocks bei Hunden üblichen hämorrhagischen Nekrosen in der Dünndarmmukosa kennen wir aus der menschlichen Schockpathologie praktisch nicht. Eher werden nach Ablauf schwerer Schockzustände pseudomembranöse Enterokolitiden und Intestinalinfarkte beobachtet. Eine Ursache hierfür mag darin zu sehen sein, daß die Endarterien des Dünndarms beim Hund sich in der Mukosa befinden, während sie beim Menschen in der Submukosa gelegen sind [365].

Abgesehen von den Speziesdifferenzen ergeben sich auch Unterschiede zum klinischen Geschehen aus dem zeitlichen Ablauf und dem Grad der künstlich erzeugten Extremsituation. Ein über einen längeren Zeitraum bestehenden arteriellen Druck von 40 mmHg sehen wir in der Klinik kaum. Bei dem stürmischeren Verlauf im Experiment können daher biologische Phänomene eine Bedeutung erlangen, die in weniger extremen Zuständen noch keine Rolle spielen. Eine Alternative zu diesem Problem läge in einem weniger extremen Schockmodell. Versuchsanordnungen dieser Art sind bekannt. Sie bringen jedoch vor allem zwei Nachteile mit sich. Erstens werden die Beobachtungszeiten stark verlängert, was den Einfluß nicht schockabhängiger Faktoren vergrößert und die Ergebnisse verfälschen kann. Zweitens wird unter solchen Umständen vielfach der erwünschte Schweregrad, in dem einfache Maßnahmen wie Volumenersatz keinen Erfolg mehr versprechen, nicht erreicht.

Nach diesen Überlegungen überrascht es auch nicht, daß im menschlichen Schock die Phasen der Kompensation und der Dekompensation weniger deutlich in Erscheinung treten. So wird z.B. der für die Phase der Dekompensation im Tierexperiment charakteristische Prozeß der Hämokonzentration nach Hämorrhagie beim Menschen äußerst selten beobachtet [33, 291, 308]. Solche extremen Hämorrhagien, bei denen ein intaktes Gefäß-System vorliegt und die ohne vorhergehende Behandlung intensiv studiert werden können, sind der klinischen Forschung naturgemäß nicht zugänglich. Daraus sollte aber andererseits nicht geschlossen werden, daß diese Vorgänge beim Menschen keinerlei Bedeutung besäßen. Ein Plasmaverlust aus der Blutbahn im Spätstadium des hämorrhagischen Schocks, der als eine Folge der Filtrationsumkehr in den Capillaren angesehen werden muß, ist bei Affen nachgewiesen [4]. Beim Menschen wird durch Adrenalinabkömmlinge die Verminderung des zirkulierenden Plasmavolumens gefördert [63]. Bereits nach einer subkutanen Injektion von 1 mg Adrenalin tritt eine Reduktion des Plasmavolumens auf [93, 220]. Nach Verabfolgung von Noradrenalin kann LISTER [249] beim Menschen mit und ohne Blutverlust eine Herabsetzung des Plasmavolumens nachweisen. Schließlich ist von der Klinik her bekannt, daß schwere Schockfälle einen steigenden Bedarf an Flüssigkeitsvolumen zeigen, um einen ausreichenden arteriellen Druck aufrechterhalten zu können. MOORE [273] sieht die Ursachen für die Phänomene beim Menschen ebenfalls in funktionellen Schäden im Bereich der Widerstands- und Kapazitätsgefäße, in der Eröffnung von arteriovenösen Kurzschlüssen, im „pooling" mit gleichzeitigem Flüssigkeitsverlust in das Gewebe und in Schädigungen der Zellmembran. Wir dürfen also annehmen, daß über den Ausgang des menschlichen hämorrhagischen Schocks kaum grundsätzlich andere biologische Phänomene entscheiden als im Tierexperiment. Gewisse Rückschlüsse erscheinen daher aus den experimentellen Ergebnissen auf das menschliche Schockgeschehen gerechtfertigt.

Eine sehr wichtige Voraussetzung für eine gezielte Schocktherapie bildet die exakte Diagnose und Definition der zu behandelnden Phase des Schocks. Obwohl in den vergangenen Jahren bedeutende Fortschritte auf diesem Gebiet erzielt worden sind, besteht doch immer noch die größte Schwierigkeit, um gezielte therapeutische Maßnahmen anzuwenden, an diesem Punkt. Besonders bezüglich des adrenergen Nervensystems gibt es wenig objektive Meßmethoden, die den Grad der momentanen sympathischen Aktivität zu bestimmen erlauben und außerdem am Krankenbett praktizierbar sind. In der Regel beziehen wir unsere Informationen aus weitgehend subjektiven Kriterien, wie der schwitzenden, kalten Haut, dem Anstieg der Atemfrequenz und der Atemtiefe, der Cyanose, der Pupillendilatation, der Venoconstriction und auf indirekte Zeichen, wie dem Anstieg der Herzfrequenz, Absinken der Urinausscheidung und dem Auftreten cerebraler Verwirrtheitszustände als Anzeichen der Hypoxie. Die überwiegende Zahl dieser Kriterien ist schwer quantitativ erfaßbar und daher wenig für die Definition der jeweiligen Schockphase geeignet. Notwendig erscheinen möglichst zahlreiche quantitative physikalische und biochemische Meßwerte, die die Komplexität des Geschehens hinreichend charakterisieren. Ein innerhalb einer nützlichen Frist erstellbarer kardiovasculärer Status, ein die O_2-Situation des Organismus erfassendes Programm und eine Reihe biochemischer Meßgrößen bilden die Grundlage für eine erfolgversprechende Anwendung vasoaktiver Substanzen im Schock. Damit verbunden sollte die Möglichkeit der exakten Auswertung der anfallenden Daten sein, was die Verwendung eines am Krankenbett befindlichen Kleinkomputers nötig macht [350]. Nur unter solchen Bedingungen kann mit ausreichender Sicherheit die Frage geklärt werden, in welcher Phase des Schocks sich ein Patient befindet, und welche therapeutischen Maßnahmen anzuwenden sind. Im Hinblick auf eine Beeinflussung des adrenergen Nervensystems mit vasoaktiven Substanzen erscheint die genaue Kenntnis von der momentanen zirkulatorischen und metabolischen Situation besonders notwendig, da sowohl stimulierende wie auch blockierende Substanzen, die nicht zum richtigen Zeitpunkt eingesetzt werden, einen mindest so großen Schaden anzurichten vermögen, wie sie sonst von Nutzen wären. Nicht zuletzt beruhen hierauf die in der Literatur häufig so widersprüchlichen Ergebnisse der Schockbehandlung mit adrenergen Medikamenten.

Die initiale adrenerge Stimulation als Reaktion auf ein Streßgeschehen löst zunächst z.T. lebensrettende Schutzmechanismen aus. In der Regel ist ihre Intensität so bemessen, daß es keiner zusätzlichen Stimulation der α- und β-Receptoren bedarf. Eine Ausnahme bildet die nicht voll entwickelte bzw. die durch besondere Gegebenheiten gehemmte adrenerge Innervation. Nicht ausreichend kann die Innervation nach einem akuten Herzstillstand oder in der ersten Zeit nach einem Schwerstunfall sein. Einer gehemmten adrenergen Reaktionsbereitschaft sehen wir uns gegenüber unter den Einflüssen verschiedener Anaesthetica, nach ausgedehnter Sympathektomie, anläßlich schwerer Infektionen und bei Anaphylaxie. In diesen Fällen fehlen nicht selten die klassischen Zeichen eines Schocks. Die Haut ist noch warm und trocken, obwohl der arterielle Druck bereits auf Tiefstwerte abgesunken ist. Eine zusätzliche Stimulation beider Receptortypen ist unter diesen Umständen angezeigt.

Bei voll entwickelter adrenerger Aktivität allerdings wirkt sich ein zusätzlicher allgemeiner sympathischer Reiz auch beim Menschen auf das Schockgeschehen eher negativ aus. Die Perfusion der peripheren Gefäßabschnitte wird weiter vermindert. Ein Schutz vor größeren Blutverlusten läßt sich nicht erreichen [59, 66]. Die Verstärkung der peripheren Vasoconstriction fördert den fatalen Ausgang des Schocks [129, 141, 407]. Unter diesen Gegebenheiten bietet sich die Verabfolgung adrenerg blockierender Substanzen an. Ihre Auswirkungen auf das Tierexperiment sind in den vorangehenden Kapiteln eingehend erörtert worden. Die bisher vorliegenden klinischen Erfahrungen betreffen verständlicherweise nur Teilaspekte und sind z. T. recht widersprüchlich.

Als erste therapeutische Methode hat in die Klinik die isolierte α-Blokkade Eingang gefunden. Ausführliche Berichte liegen hierüber von den Arbeitsgruppen um Nickerson [286, 288] und Lillehei [245, 246] vor. In therapieresistenten Schockfällen unterschiedlicher Genese werden mit der α-Blockade unter gleichzeitigem Volumenersatz günstige Ergebnisse erzielt. Neben der klinischen Besserung des Zustandsbildes beschreiben die Autoren eine Vergrößerung der Blutdruckamplitude mit einem langsamen Anstieg des mittleren arteriellen Druckes und das Verschwinden schwerer Oligurien. Wilson [404] berichtet über den positiven Effekt des Phenoxybenzamins in unbeeinflußbaren klinischen Schockfällen und führt dies auf die Bremsung histamin- und serotoninbedingter Reaktionen im Zusammenhang mit Noradrenalin zurück. Auch bei der Behandlung des Endotoxinschocks mit der α-Blockade sind offenbar gute Resultate erzielt worden [86, 262]. Aviado [19], Kelley [223] und Sarnoff [327, 329] benutzen die α-Blockade zur Therapie schockverwandter Krankheitsbilder, wie der Herzinsuffizienz und des Lungenödems. Hier wirkt die α-Blockade im Sinne einer Phlebotomie, die im Gegensatz zur chirurgischen Phlebotomie mit einer Steigerung des Herzzeitvolumens bei gleichzeitiger Senkung des peripheren Widerstandes einhergeht. Die durch die periphere Dilatation verursachte Verschiebung des Blutvolumens von den zentralen Bezirken in die Peripherie besitzt in umgekehrter Richtung im Schock eine Bedeutung. So beobachtet Martin [261] bei schwerverletzten Soldaten in Vietnam während der Wiederbelebungsphase die Entstehung tödlicher Lungenödeme, obwohl eine Übertransfusion nicht stattgefunden hatte. Bradley und Weil [47] verwenden den kurzwirkenden α-Blocker Phentolamin[17] bei Schockpatienten mit deutlichen Differenzen zwischen der peripheren und zentralen Temperatur nach vorhergehender Normalisierung des zirkulierenden Blutvolumens. Diese Behandlung hat sich in bakteriellen und

[17] Regitin

kardiogenen Schockzuständen bewährt. Bei einer Phentolamindosis von 0,6 mg/min sinkt unter solchen Bedingungen der arterielle Druck um durchschnittlich 14 mmHg, und es wird ein Anstieg des Herzindex, der Herzfrequenz und des Herzzeitvolumens sowie eine Herabsetzung des peripheren Widerstandes und des Venendruckes registriert.

Trotz der geschilderten günstigen Ergebnisse hat sich die Therapie schwerer Schockzustände mit der reinen α-Blockade bis heute in der Klinik nicht entscheidend durchsetzen können. Ein wichtiger Einwand des Klinikers bezieht sich auf den blutdrucksenkenden Effekt der α-Blockade. Bei nicht zum rechten Zeitpunkt einsetzender Blockade und bei ungenügender bzw. nicht ausreichend schneller Flüssigkeitssubstitution werden rapide Verschlechterungen der Schockzustände gesehen [321]. Ein steiler Blutdruckabfall ruft die Gefahr lebensbedrohlicher Zirkulationsstörungen hervor. Da eine Hypovolämie im Schock nicht immer leicht diagnostizierbar ist, kann die α-Blockade ohne ausreichende Vergrößerung des Blutvolumens zum schnellen Abfall des Herzzeitvolumens und des Blutdruckes führen. Der anaerobe Stoffwechsel und die metabolische Acidose werden eher gefördert als vermieden [246, 288, 404]. Auch sind bei kardial gefährdeten Patienten der Flüssigkeitssubstitution Grenzen gesetzt, da stets die Gefahr der akuten Herzinsuffizienz droht. ECKENHOFF [94] beschreibt 6 Todesfälle nach Phenoxybenzamin-Gabe im Schock und beobachtet u.a. eine verminderte arterielle O_2-Sättigung. In zahlreichen klinischen Zentren ist daher die Behandlung schwerer Schockzustände mit der α-Blockade wieder verlassen worden.

Die isolierte Blockade der β-Receptoren besitzt in der Klinik bisher lediglich bei der Behandlung kardiogener Erkrankungen eine Bedeutung. Der antiarhythmische Effekt auf katecholamininduzierte Rhythmusstörungen ist experimentell erwiesen [88, 274]. Der Anwendung beim Menschen gilt das steigende Interesse besonders in Situationen, in denen das Herz Gefahr läuft, durch langanhaltende vermehrte β-Stimulation geschädigt zu werden. Das trifft für Fälle von Angina pectoris, verschiedenen Vorhof- und Kammerarrhythmien, idiopathischen hypertrophen Aortenstenosen, Phäochromozytom u.a. zu. Die langdauernde adrenerge Stimulation im Schock führt nicht nur im Experiment, sondern auch, wie erst kürzlich berichtet [261], beim Menschen zu Herzmuskelschädigungen. Ihre Dämpfung könnte daher auch für das Herz im Schock positive Aspekte bieten. Da sie jedoch mit einer Verminderung der Herzleistung verbunden ist, muß die β-Blockade in Grenzen gehalten werden. Bezüglich der kardialen Wirkung der β-Blocker stehen sich also positive und negative Einflüsse einander gegenüber, wobei die negativen Auswirkungen, wie die Versuchsergebnisse zeigen, bei den derzeit üblichen β-Blockern überwiegen. Die Veränderungen in der Peripherie sind aufgrund der eigenen Befunde mit Zurückhaltung zu beurteilen. Eine isolierte β-Blockade mit den von uns verwendeten Blockern erscheint jedenfalls nicht angezeigt.

Die kombinierte Blockade ist bisher nicht klinisch erprobt. Die vorliegenden experimentellen Ergebnisse rechtfertigen ihre Anwendung auch noch nicht. Als prophylaktische Maßnahme bietet sie gegenüber der reinen α-Blockade Vorteile. Für die klinische Verwendung wären mittelfristig wirkende α-Blocker und β-Blocker mit selektiv peripherer Aktivität wünschenswert.

Im Vordergrund des klinischen Interesses für die Behandlung schwerer Schockzustände steht derzeit die β-Stimulation. Bei der Therapie des hämorrhagischen, kardiogenen und septischen Schocks sind gute Erfolge zu verzeichnen [92, 113, 139, 221, 237]. Der positiv inotrope Herzeffekt bringt einen Anstieg der Herzleistung mit sich, der zumindest zu einer kurzfristigen Besserung der zirkulatorischen Situation führt. Die Gefahren der Kardiomyopathie, die experimentell nach hoch dosierter β-Stimulation nachweisbar sind, und der Arrhythmien scheinen bisher klinisch keine besondere Rolle zu spielen [25, 313]. Da das Hauptziel jeder Schockbehandlung jedoch in der Verbesserung der Perfusionsverhältnisse in der Peripherie und in der damit verbundenen Vermeidung metabolischer Störungen liegen muß, sind aufgrund der vorliegenden experimentellen Ergebnisse und indirekter klinischer Erfahrungen, was die reine β-Stimulation betrifft, Zweifel zu äußern. Im tiefen Schock wird durch eine β-Stimulation die periphere zirkulatorische Situation nicht entscheidend gebessert. Sowohl aus theoretischer Sicht, als auch in Übereinstimmung mit den experimentellen Befunden ist eine Beseitigung des Filtrationsumkehreffektes nicht zu erwarten. Außerdem nimmt mit zunehmender Schocktiefe die Wirksamkeit der β-Stimulation ab. In der Klinik beobachten wir daher im Anschluß an eine β-Stimulation im Schock einen Anstieg des arteriellen Druckes [47, 188, 222, 381], der offensichtlich durch den Fortfall der peripheren Wirkung zustandekommt. So wundert es auch nicht, wenn in schweren Schockzuständen mit dieser Maßnahme die metabolische Acidose nicht beseitigt werden kann. Die sinkende Effektivität der β-Stimulation im Schock äußert sich schließlich in der Erfahrungstatsache, daß unter diesen Bedingungen bei ansteigender Dosierung die sonst übliche Komplikationsrate nicht zunimmt [25].

Therapeutische Leitlinien für die Anwendung adrenerger Substanzen im Schock. Folgende Leitsätze einer rationellen Schocktherapie mit Substanzen, die über die Beeinflussung des adrenergen System wirken, lassen sich zusammenfassend aus den Ergebnissen ableiten.

1. Der adäquate Volumenersatz ist stets die erste Voraussetzung für eine erfolgreiche Schockbehandlung. Bei seiner Bemessung sollte weniger das Sollvolumen, als vielmehr das Bedarfsvolumen ausschlaggebend sein. Führen diese Maßnahmen im Verein mit einer kardialen Therapie nicht zu

dem erwünschten Ergebnis, so können vasoaktive Substanzen zum Einsatz gelangen.

2. Jede medikamentöse Beeinflussung adrenerger Receptoren im Schock bedeutet einen tiefen Eingriff in wichtige Regulationsmechanismen des Körpers. Abgesehen von den vielfältigen und in bezug auf das Schockgeschehen noch weitgehend unbekannten Einflüssen auf metabolische Prozesse müssen im Hinblick auf die zirkulatorischen Auswirkungen die Reaktionen des Gefäß-Systems, wie des Herzens, der Widerstand-, Capillar- und Kapazitätsgefäße, detalliert berücksichtigt werden. Der Funktionszustand jedes einzelnen Gefäßabschnittes sollte mit Hilfe von diagnostischen Meßkriterien quantitativ erfaßt werden, da Therapieerfolge in schweren Schockzuständen nur im Zusammenhang mit der exakten Abklärung der hämodynamischen und metabolischen Situation zu erwarten sind. Anhand regelmäßiger Verlaufskontrollen ist der Wert der vasoaktiven Maßnahmen jeweils abzuschätzen.

3. Mit steigender adrenerger Aktivität ändert sich die Wirksamkeit sowohl der stimulierenden wie auch der blockierenden Substanzen. Während die Wirkungsintensität der Blocker steigt, nimmt die der Stimulatoren ab.

4. In Frühformen eines Schocks, bei nicht vollständig entwickelter Aktivität des adrenergen Nervensystems, kann eine zusätzliche adrenerge Stimulation, sowohl der α-, wie auch der β-Receptoren mit einem Sympathicomimeticum angezeigt sein.

5. Bei vollständig entwickelter sympathischer Aktivität, also im ausgeprägten Schockzustand, ist von einer zusätzlichen allgemeinen adrenergen Stimulation kein Nutzeffekt zu erwarten. Vielmehr muß besonders wegen der vermehrten peripheren Vasoconstriction mit einer Vertiefung des Schocks gerechnet werden.

6. Mit der isolierten Blockade der α-Receptoren gelingt es, sofern sie vor dem Beginn des Schocks besteht, die Ausbreitung schwerer metabolischer Veränderungen zu verhindern. Die wesentlichen Ursachen hierfür liegen in dem vermehrten zirkulierenden Blutvolumen, der Verhütung der Filtrationsumkehr im Bereich der Capillaren und in einer mäßig erhöhten Herzleistung. Bei der Anwendung der α-Blockade im ausgeprägten Schockzustand werden im Experiment wie auch in der Klinik teils sehr günstige und teilweise absolut negative Resultate beobachtet. Diese Diskrepanz hat nicht zuletzt ihre Ursache in der steigenden Effektivität der Blockade, die mit zunehmender Dekompensation auf eine sich ständig vergrößernde Lücke zwischen den zirkulatorischen Bedürfnissen und der tatsächlich vorhandenen Kreislaufleistung trifft. Somit wird ein echter Nutzeffekt nur im Zusammenhang mit einer Steigerung der Herzleistung erzielt. Diese muß um so mehr ansteigen, je fortgeschrittener der Schock ist. Wegen der erwiesenen Einschränkung der kardialen Leistungsfähigkeit in

dieser Situation wird häufig durch die α-Blockade die Gefahr des akuten Kreislaufversagens heraufbeschworen. Zum rechten Zeitpunkt angewandt, ist sie andererseits imstande, schwerwiegende pathologische Veränderungen zu beseitigen.

7. Die isolierte β-Blockade mit den derzeit üblichen Substanzen beeinflußt das Schockgeschehen insgesamt ungünstig. Dies ist vor allem auf den negativ inotropen Herzeffekt und auf die zusätzlichen kardiodepressiven Eigenschaften der β-Blocker zurückzuführen. Die Blockade der peripher gelegenen β-Receptoren sollte über die Hemmung des „pooling" und der Eröffnung von arteriovenösen Anastomosen eher positive Auswirkungen auf den Schockverlauf haben. Der Schutz des Herzens vor langdauernder adrenerger Stimulation ist ein zweischneidiges Schwert, da er gleichzeitig die Fähigkeit des Herzens zur Leistungssteigerung beeinträchtigt.

8. Mit der kombinierten adrenergen Blockade besitzen wir die Möglichkeit, die Ausbildung schwerer Schockzustände unter der Bedingungen zu verhüten, daß die Blockade sehr früh erfolgt. Sie ist der isolierten α-Blockade insofern überlegen, als sie die Toleranz gegenüber Blutverlusten erhöht, ohne an ihrer Effektivität einzubüßen. Im Schock angewandt, scheint ihre Wirksamkeit sehr von der Phase, in welcher dieser sich gerade befindet, abzuhängen. Die therapeutische Breite zwischen einem maximalen Nutzeffekt und einem zusätzlich schädigenden Einfluß ist derzeit noch als klein zu bezeichnen. α-Blocker mit mittlerer Wirkungsdauer wären wegen ihrer besseren Steuerbarkeit wünschenswert. β-Blocker mit überwiegend peripheren Eigenschaften könnten das Ergebnis verbessern. Aus der Kombination beider Blocker erwächst bei optimaler Dosierung eine positive Wechselwirkung. Vor einer klinischen Anwendung sollten noch weitere experimentelle Ergebnisse erbracht werden.

9. Die isolierte β-Stimulation ruft wegen der positiv inotropen Herzwirkung zunächst einen allgemein die Schocksituation bessernden Einfluß hervor. Die zirkulatorischen Verhältnisse in der Peripherie, wie sie sich im späten Schock darstellen, lassen sich mit ihrer Hilfe jedoch nicht grundlegend ändern. In der Phase der Dekompensation ist in bezug auf die Peripherie eher mit negativen Auswirkungen zu rechnen. Die Effektivität der β-Stimulation nimmt mit zunehmender Schocktiefe ab. Ihre Toxicität im Schock ist daher verringert.

Zusammenfassung

Jede Form eines Schocks, die mit einer gestörten Gewebszirkulation einhergeht, wird von einer gesteigerten Aktivität des sympathischen Nervensystems begleitet. Dies bedeutet die Stimulierung der in den peripheren Gefäßen gelegenen postganglionären α- und β-Receptoren, die somit in hohem Maße an den für das allgemeine Schockgeschehen wichtigen Vorgängen der negativen oder positiven Rückkoppelung beteiligt sind und einen wesentlichen Einfluß auf das Schockgeschehen besitzen. Im Experiment entwickelt sich als Folge eines massiven Blutentzuges aus dem Gefäß-System unter den Zeichen hochgradig gesteigerter sympathischer Aktivität der hämorrhagische Schock, der unter unbeeinflußten Bedingungen eine Phase der Kompensation und der Dekompensation durchläuft. Während in der Phase der Kompensation negative Rückkoppelungen vorherrschen, ist die Phase der Dekompensation durch das Übergreifen der anfänglich lokal begrenzten positiven Rückkoppelungsvorgänge auf den Gesamtorganismus gekennzeichnet. Die in der Phase der Dekompensation trotz der sich allgemein verschlechternden Gesamtsituation beobachtete rückläufige Tendenz der metabolischen Meßkriterien ist auf die Eröffnung von arteriovenösen Kurzschlüssen im Spätstadium des Schocks zurückzuführen, die eine Ausschaltung größerer Gefäßabschnitte aus der Zirkulation mit sich bringt. Die Verwendung adrenerger Substanzen bei der Behandlung schwerer Schockzustände hat diesen pathophysiologischen Zusammenhängen Rechnung zu tragen und muß die Verhütung bzw. die Beseitigung der Dekompensationserscheinungen zum Ziele haben. Es ergeben sich folgende therapeutischen Möglichkeiten:

1. Mit Hilfe einer vor dem Beginn der Hämorrhagie einsetzenden α-Blockade gelingt es, unter standardisierten Bedingungen das Auftreten von Dekompensationserscheinungen zu verhindern. Die vorliegenden Ergebnisse sprechen dafür, daß dieser Effekt eine Folge der unter der α-Blockade verbesserten Perfusion der Peripherie ist, die über die Verhinderung der Contraction des postcapillären Sphincters im Zusammenhang mit einem vermehrten zirkulierenden Blutvolumen zustandekommt.

2. Die isolierte Blockade der β-Receptoren läßt keine günstige Beeinflussung des hämorrhagischen Schocks sichtbar werden. Die schweren metabolischen Veränderungen und das früh eintretende Stadium der Dekompensation sind eine Folge der negativ inotropen Wirkung der β-Blocker, ihrer substanzgebundenen kardiodepressiven Eigenschaften und der ver-

stärkten metabolischen Acidose. Mögliche vorteilhafte Auswirkungen werden offensichtlich durch die insgesamt negative Bilanz verdeckt.

3. Die kombinierte adrenerge Blockade bietet gegenüber der reinen α-Blockade Vorteile. Unter Erhaltung des metabolischen Schutzes wird gleichzeitig die Toleranz gegenüber Blutverlusten erhöht. Es ergeben sich Hinweise für eine positive Wechselwirkung zwischen den beiden Substanzen. Im Vergleich zur unbehandelten Gruppe bleibt die Toleranz gegen Blutverluste noch geringfügig vermindert. Unter gleichen zirkulatorischen Streßbedingungen treten unter unbeeinflußten Bedingungen Zeichen der Dekompensation auf.

4. Die isolierte Stimulation der β-Receptoren ergibt keinen Schutz vor den Erscheinungen der Dekompensation.

Aus den Versuchergebnissen können folgende Konsequenzen für die Anwendung der adrenergen Substanzen im dekompensierten Schock gezogen werden. Eine wirksame Unterbrechung der positiven Rückkoppelungsvorgänge in der Peripherie läßt sich im Stadium der Dekompensation nur über die Beeinflussung des postcapillären Sphincters erreichen. Der Erfolg solcher Maßnahmen ist allerdings bei zunehmendem Schweregrad eines Schocks an eine steigende Herzleistung gebunden. Da die Lücke zwischen den zirkulatorischen Bedürfnissen des Organismus und der tatsächlich erbrachten Kreislaufleistung sich im Spätstadium des Schocks ständig vergrößert, sind der Therapie mit receptorenblockierenden Substanzen vom Herzen her Grenzen gesetzt. Die z.T. recht widersprüchlichen Ergebnisse aus der klinischen Behandlung finden in diesen Zusammenhängen eine Erklärung.

Für die Behandlung des menschlichen Schocks mit adrenergen Substanzen lassen sich folgende Leitlinien aufstellen. Neben der Beseitigung der Ursache eines Schocks bilden der adäquate Volumenersatz und die optimale kardiale Therapie nach wie vor die Eckpfeiler der erfolgreichen Schockbehandlung. Bei Versagen dieser Maßnahmen ist unter der Voraussetzung einer exakten hämodynamischen und metabolischen Diagnostik sowie kurzfristiger Verlaufskontrollen der Einsatz adrenerger Substanzen gerechtfertigt. Dabei ist zu berücksichtigen, daß sich die Wirksamkeit dieser Verbindungen mit zunehmender Tiefe eines Schocks verändert. Während die Wirkungsintensität der receptorstimulierenden Substanzen abnimmt, steigt die Effektivität der Blocker an.

Bei nicht vollständig entwickelter oder gehemmter adrenerger Aktivität ist eine zusätzliche Stimulation der α- und β-Receptoren angezeigt. Abgesehen von diesen Ausnahmefällen entsteht durch solche Maßnahmen jedoch die Gefahr der Verschlechterung der zirculatorischen Gesamtsituation. Durch die Blockade der α-Receptoren kann die Ausbreitung schwerer metabolischer Veränderungen verhindert werden. Dies gelingt allerdings nur, wenn die Leistungsfähigkeit des Herzens den erhöhten Anforderungen gewachsen ist. Andernfalls wird die Gefahr des akuten Kreislaufversagens heraufbeschworen. Von der reinen β-Blockade mit den derzeit üblichen Blockern geht ein insgesamt ungünstiger Einfluß auf das Schockgeschehen aus. Die kombinierte Blockade besitzt gegenüber der isolierten α-Blockade Vorteile. Da ihre therapeutische Breite mit den gegebenen Substanzen jedoch noch gering ist, sollten einer klinischen Anwendung weitere experimentelle Untersuchungen vorausgehen. Von der β-Stimulation ist wegen des positiv inotropen Herzeffektes zunächst ein günstiger Einfluß auf das Schockgeschehen zu erwarten. Eine grundlegende Änderung der im Spätstadium des Schocks pathologischen peripheren Zirkulation läßt sich hiermit aber nicht erzielen.

Summary

The present monograph deals with one possibility of influencing severe and protracted states of shock. Sympatho-adrenal activation is inseparable from shock due to any cause and though initially beneficial may be harmful if protracted. The question therefore arises whether tolerance of shock in animals and man can be improved by modifying sympathetic nervous activity.

Chapter I describes some pertinent pathophysiological concepts of experimental hemorrhagic shock. The hemodynamic stress caused by major hemorrhage profoundly affects the various components of the cardiovascular system as well as the composition of the blood. The shock-induced oxygen deficit is particularly important, and causes a progressive metabolic acidosis in tissues and blood. Its effects on the body as a whole are discussed, the abnormal behaviour of lactate, pyruvate and glucose being considered in detail. The final section of this chapter discusses the problems of a suitable shock model, the question of irrversibility and the definition of shock and hypotension.

In Chapter II, those aspects of sympathetic nervous activity which influence the course of shock are analyzed. They comprise central regulatory mechanisms, the peripheral α and β receptors and the catecholamines. Although the function of both receptor types following hemorrhage is complex and as yet incompletely understood, there is no doubt that both are stimulated during shock. At the same time, the adrenal medulla liberates increased amounts of catecholamines into the blood stream. The main reason for the complex sequels of sympathetic receptor activation in various vascular beds is their non-uniform distribution in the individual areas. Generally speaking, the α receptors dominate in the peripheral vessels, whereas β receptors are preponderant in the heart. In the normal state, adequate tissue perfusion is maintained by a dynamic equilibrium between both types of receptors.

The specific effects of enhanced sympatho-adrenal activity on the course of hemorrhagic shock form the subject of chapter III. There are three main reasons for the nonuniform hemodynamic changes observed in various vascular beds during shock: The inhomogeneous distribution of sympathetic receptors, the increased blood levels of the catecholamines and local metabolic events. In the heart, the positive inotropic effects of β receptor stimulation predominate. By contrast, the α receptors are the main factor in resistance vessels. In the majority of vascular beds, they cause an initial rise of peripheral resistance, which is reversed only in the late stages of shock. The early rise of precapillary sphincter tone lowers the intracapillary hydrostatic pressure. With increasing severity of shock and local metabolic acidosis, the precapillary sphincter tone recedes, whereas that of the postcapillary sphincter is maintained. The resultant increase of capillary filtration pressure explains the phenomenon of fluid loss from the circulation, which its serious consequences in the late stages of shock. An important question on which opinions differ and which is still incompletely studied is that of capacitance vessel reactions to prolonged adrenergic stimulation. Metabolic events appear to be important, as well as the uneven distribution of receptors.

Chapter IV deals with the effects of additional, drug-induced stimulation of adrenergic activity during hemorrhagic shock. The hemodynamic sequels of superimposed α receptor stimulation are those of an enhanced peripheral resistance, i.e. extracardiac regional flow deteriorates and the peripheral oxygen deficit increases. The major factor in isolated β receptor stimulation is its positive inotropic, dromotropic and chromotropic cardiac effect. Combined additional stimulation of α and β receptors is not simply additive. The result obtained depends primarily on the dosage of the drugs administered and on the stage of shock in which they are given.

In chapter V, the potentialities of adrenergic blockade and its sequels in hemorrhagic shock are examined. Isolated α receptor blockade improves the survival rate following experimental hemorrhage. However, the protection obtained depends to a considerable extent upon the reduction of the tolerated blood loss, which equals a lesser degree of circulatory stress. Pure β receptor blockade increases the severity of hemorrhagic shock, due to its negative inotropic effects. At least in some peripheral vascular beds, favourable results might be anticipated, but they appear to be outweighed by the cardiac sequels.

Chapter VI describes the experimental results obtained by the author with a standardized hemorrhagic shock model applied in rabbits and dogs. Massive bleeding produces a state of shock with all the signs of sympathoadrenal activation, which under control conditions passes through an early compensated and a late decompensated stage. During compensation, negative feedback mechanisms predominate. In the late stage of decompensation, positive feedback circuits which operate locally at first become generalized and lead to progressive hemodynamic deterioration. During decompensation, there is a striking discrepancy between the progressive hemodynamic failure and the tendency of metabolic parameters to return towards normal blood levels. This phenomenon might be due to the exhaustion of energy reserves (glycogen) available under anaerobic conditions, to the opening of arterio-venous shunts bypassing extensive areas of the microcirculation, or both. The effects of various drugs blocking or stimulating both types of adrenergic receptors are studied in detail, these drugs being given before the onset of shock.

The results obtained show that pharmacological interference with the sympatho-adrenal system during severe shock should consider the stage to which it has progressed and be aimed at preventing or abolishing decompensation. Specifically, the various therapeutic modalities have the following effects:

1. α receptor blockade, if instituted prior to hemorrhage, prevents decompensation of hemorrhagic shock under standardized conditions. The experimental results suggest that this is due to improved peripheral tissue perfusion, which in turn is caused by the suppression of postcapillary sphincter contraction and an increased circulating blood volume.

2. Isolated β receptor blockade has no demonstrable beneficial effects on a standardized hemorrhagic shock. On the contrary, its negative inotropic action, which in some blockers is supplemented by unspecific cardiodepressive properties, increases the severity of metabolic acidosis and hastens the onset of decompensation. If, as might in theory be anticipated, β receptor blockade affects some vascular beds favourably, the resulting advantages fail to tip the overall negative balance.

3. Combined α and β blockade offers certain advantages over α blockade alone. Tolerance of acute blood loss is increased without loss of metabolic protection. If administered in a suitable dose, the two groups of drugs may show positive interaction. As compared to the untreated control group, tolerance of an acute blood loss is slightly impaired. If the same degree of circulatory stress is maintained for the same period of time with and without combined blockade, the animals without will show beginning decompensation, whereas those with blockade do not.

4. Isolated stimulation of β receptors provide no protection against the decompensation of a standardized hemorrhagic shock.

On the basis of our experimental results, we arrive at the following conclusions pertaining to the use of adrenergic drugs in decompensated shock:

An effective interruption of positive feedback mechanisms in the peripheral vasculature following decompensation of shock can only be attained by modifying the behaviour of postcapillary sphincters. However, the success of this approach is contingent upon increased cardiac performance. Since the gap between hemodynamic needs and actual cardiovascular performance widens progressively in the late stages of shock, the potential benefits of treatment with adrenergic blockers are limited by the working capacity of the heart. To a large extent, this would appear to explain the conflicting results reported in the clinical literature.

The concluding chapter VIII gives a review of the present state of clinical shock treatment with adrenergic drugs, as well as some guidelines for their application. The elimination of the cause of shock, adequate volume replacement and optimum cardiac therapy remain the basic elements of successful treatment of shock. If these primary measures fail and an adequate hemodynamic and metabolic diagnosis with repeated controls can be obtained, the discriminate use of adrenergic drugs is indicated. It should not be forgotten that the potency of these agents change with increasing severity and duration of shock. Whereas the effects of drugs stimulating adrenergic receptors decrease, those of blocking substances increase progressively.

In situations where endogenous sympatho-adrenal activity is submaximal or impeded, additional pharmacologic stimulation of α receptors may be indicated. Such exceptions apart, however, the overall hemodynamic situation may be impaired. α receptor blockade largely prevents severe metabolic alterations in hypotensive states. Volume support and the cardiac working capacity must, however, be adequate in order to avoid acute circulatory failure. Isolated β receptor blockade with the drugs currently available is fundamentally unfavourable during shock. Combined blockade offers certain advantages over α blockade alone. Since the therapeutic safety margin of the agents presently available is narrow, its clinical application should be preceded by further experimental studies. Isolated β receptor stimulation may be expected to have favourable effects at the outset, due to its positive inotropic action. However, it will not produce any important changes of the abnormal peripheral circulation characteristic of protracted hemorrhagic shock.

Literatur

1. Abboud, F. M., Eckstein, J. W., Zimmermann, B. G.: Venous and arterial responses to stimulation of beta adrenergic receptors. Amer. J. Physiol. **209**, 383 (1965).
2. — The sympathetic nervous system and alpha adrenergic blocking agents in shock. Med. Clin. N. Amer. **52**, 1049 (1968).
3. Abel, F. L., Murphy, Q. R.: Mesenteric, renal and iliac vascular resistance in dogs after hemorrhage. Amer. J. Physiol. **202**, 978 (1962).
4. — Waldhausen, J. A., Selkurt, E. E.: Splanchnic blood flow in the monkey during hemorrhagic shock. Amer. J. Physiol. **208**, 265 (1965).
5. Adolph, E. F., Gerbasi, M. J., Lepore, M. J.: The rate of entrance of fluid into the blood in hemorrhage. Amer. J. Physiol **104**, 502 (1933).
6. Ahlquist, R. P.: A study of the adrenotropic receptors. Amer. J. Physiol. **153**, 586 (1948).
7. — Levy, B.: Adrenergic receptive mechanism of the canine ileum. J. Pharm. Pharmacol. **127**, 146 (1959).
8. — Development of the concept of alpha and beta adrenotropic receptors. Ann. N. Y. Acad. Sci. **139**, 549 (1967).
9. Alexander, R. S.: The participation of the venomotor system in pressor reflexes. Circul. Res. **2**, 405 (1954).
10. — The systemic circulation. Ann. Rev. Physiol. **25**, 213 (1963).
11. — The peripheral venous system. In: Handbook of Physiology. Circulation, edited by Hamilton, W. F. and Dow, P. Washington, D. C.: Amer. J. Physiol. Soc. 1963, sect. 2, vol. **2**, 1075–1098.
12. Allen, F. M.: Theory and therapy of shock. Amer. J. Surg. **61**, 79 (1943).
13. Allen, T. H., Walzer, R. A., Gregersen, K., Gregersen, M. I.: Blood volume, bleeding volume and tolerance to hemorrhage in the splenectomized dogs. Amer. J. Physiol. **196**, 176 (1959).
14. Antonis, A., Clark, M. L., Hodke, R. L., Molony, M., Pilkington, T. R. E.: Receptor mechanisms in the hyperglycaemie response to adrenaline in man. Lancet **1**, 1135 (1967).
15. Artz, G. P., Howard, J. M., Sako, Y., Bronwell, A. W., Prentice, T.: Clinical experiences in the early management of the most severely injured battle casualties. Ann. Surg. **141**, 285 (1955).
16. Aub, J. C., Wu, H.: Studies in experimental traumatic shock. III Chemical changes in the blood. Amer. J. Physiol. **54**, 416 (1920).
17. Aviado, D. M., Jr., Schmidt, C. F.: Reflexes from stretch receptors in blood-vessels, heart and lungs. Physiol. Rev. **35**, 247 (1955).
18. — — Effects of sympathomimetic drugs on pulmonary circulation: With special reference to a new pulmonary vasodilator. J. Pharmacol. exp. Ther. **120**, 512 (1957).
19. Aviado, D. M.: The pulmonary circulation (with special reference to its role in the pathogenesis of shock). In: Shock and Hypotension, p. 150. Edited by Mills, L. C. and Moyel, J. H. New York: Grune & Stratton 1965.

20. Baez, S., Srikantia, S. G., Burack, B.: Dibenzyline protection against shock and preservation of hepatic ferritin systems. Amer. J. Physiol. **192**, 175 (1958).
21. — — Shorr, E.: Influence on hepatic ferritin systems of tertiary amine, G–D 131, with beneficial effects in shock. Proc. Soc. exp. Biol. (N. Y.) **92**, 61 (1956).
22. — Zweifach, B. W., Shorr, E.: Protective action of Debenamine against fatal outcome of hemmorhagic shock in rats. Federation Proc. **11**, 7 (1952).
23. — — — Influence of liver arterialisation on hemorrhagic shock, relation to hepatic VDM (ferritin) mechanism. Fed. Proc. **12**, 8 (1953).
24. Baschour, F. A., Nafrawi, A. G., McClelland, R. N.: In: Shock and Hypotension, p. 265. Edited by Mills, L. C. and Moyer, J. H. New York: Grune & Stratton 1965.
25. Baue, A. E., Jones, E. F., Parkins, W. M.: The effects of beta-adrenergic receptor stimulation on blood flow, oxidative metabolism and survival in hemorrhagic shock. Ann. Surg. **167**, 403 (1968).
26. Baum, T., Hosko, M. J.: Response of resistance and capacitance vessels to central nervous system stimulation. Amer. J. Physiol. **209**, 236 (1965).
27. Bearn, A. G., Billing, B., Sherlock, S.: The effect of adrenaline and noradrenaline on hepatic blood flow and splanchnic carbohydrate metabolism in man. J. Physiol. (Lond.) **115**, 430 (1951).
28. Beatty, C. H.: The ability of the liver to change blood glucose and lactate concentrations following severe hemorrhage. Amer. J. Physiol. **144**, 233 (1945).
29. Beck, L., Dontas, A. S.: Vasomotor activity in hemorrhagic shock. Fed. Proc. **14**, 318 (1955).
30. — Lotz, F.: Effect of sympatholytic agents on course of severe hemorrhagic hypotension. Fed. Proc. **12**, 12 (1953).
31. Bedford, E. A.: The epinephrine content of the blood in conditions of low bloodpressure and shock. Amer. J. Physiol. **43**, 235 (1917).
32. Beecher, H. K., McCarrel, J. D., Evans, E. J.: A study of 'shock delaying' action of the barbiturates. Ann. Surg. **116**, 658 (1942).
33. — Simeone, F. A., Burnett, C. H., Shapiro, S. L., Sullivan, E. R., Mallory, T. B.: The internal state of the severely wounded man on entry to the most forward hospital. Surgery **22**, 672 (1947).
34. Bendixen, H. H., Laver, M. B.: Hypoxia in anesthesia: a review. Clin. Pharmacol. Ther. **6**, 510 (1965).
35. Bergentz, S. E., Brief, D. K.: The effect of pH and osmolality on the production of canine hemorrhagic shock. Surgery **58**, 412 (1965).
36. Berger, R. L., Healey, P. J., Byrne, J. J.: Effect of post-ganglionic mesenteric sympathectomy in irreversible hemorrhagic shock. Proc. Soc. expt. Biol. (N. Y.) **110**, 225 (1962).
37. — Novogradac, W. E., Byrne, J. J.: Surgical and chemical denervation of abdominal viscera in irreversible hemorrhagic shock. Ann. Surg. **162**, 181 (1965).
38. Berk, J. L., Hagen, J. F., Beyer, W. H., Dochat, G. R., La Pointe, R.: The treatment of hemorrhagic shock by beta adrenergic receptor blockade. Surg. Gynec. Obstet. **125**, 311 (1967).
39. — — — Niazmand, R.: The effect of epinephrine on arteriovenous shunts in the pathogenesis of shock. Surg. Gynec. Obstet. **124**, 347 (1967).
40. Berne, R. M.: Regulation of coronary flow. Physiol. Rev. **44**, 1 (1964).
41. Blalock, A.: Principles of surgical care, shock and other problems. St. Louis: Mosby 1940.
42. — A consideration of the present status of the shock problem. Surgery **14**, 487 (1943).

43. Blalock, A., Levy, S. E.: The effect of hemorrhage, intestinal trauma and histamine on the partition of the blood stream. Amer. J. Physiol. **118**, 734 (1937).
44. Blattberg, B., Levy, M. N.: A humoral reticuloendothelial-depressing substance in shock. Amer. J. Physiol. **203**, 409 (1962).
45. Block, E. H.: Microscopic observations of the circulating blood in the bulbar conjunctiva in man in health and disease. Ergebn. Anat. Entwicklungsgesch. **35**, 1 (1956).
46. Bounous, G., Hampson, L. G., Gurd, F. N.: Regional blood flow and oxygen consuption in experimental hemorrhagic shock. Arch. Surg. **87**, 340 (1963).
47. Bradley, E. C., Weil, M. H.: Vasopressor and vasodilator drugs in the treatment of shock. Med. Treatm. **4**, 243 (1967).
48. Bretschneider, H. J.: Pharmakotherapie coronarer Durchblutungsstörungen mit kreislaufwirksamen Substanzen. Verh. dtsch. Ges. inn. Med. **69**, 583 (1963).
49. — Frank, A., Kanzow, E., Bernhard, U.: Über den kritischen Wert und die physiologische Abhängigkeit der Sauerstoffsättigung des venösen Coronarblutes. Pflügers Arch. ges. Physiol. **264**, 399 (1957).
50. Brooks, C. McC.: The reaction of chronic spinal animals to hemorrhage. Amer. J. Physiol. **114**, 30 (1935).
51. Brown, R. S., Carey, J. S., Mohr, P. A., Monson, D. O., Shoemaker, W. C.: Comperative evaluation of sympathomimetic amines in clinical shock. Circulation **34**, 260 (1966).
52. Brunner, H., Hedwall, P. R., Meier, M.: Pharmakologische Untersuchungen mit 1-Isoprophylamino-3-(o-allyloxyphenoxy)-2-propanol-hydrochlorid, einem adrenergen beta-Rezeptorenblocker. Arzneimittel-Forsch. **18**, 164 (1968).
53. Bücher, Th., Czok, R., Lamprecht, W., Latzko, E.: Pyruvat. In: Methoden der enzymatischen Analyse (Bergmeyer, H. U., Ed.). Weinheim: Chemie GmbH 1962 .
54. Mac Cannel, K. L., Moran, N. C.: Pharmalogical basis for the use of adrenergic agonists in cardiogenic shock and hypotension. Cardiovascular Dis. **10**, 55 (1967).
55. Cannon, W. B.: Traumatic shock. New York: Appleton (1923).
56. — A consideration of possible toxic and nervous factors in the production of traumatic shock. Ann. Surg. **100**, 704 (1934).
57. Carrier, O., Jr., Cowsert, M., Hancock, J., Guyton, A. C.: Effect of hydrogen ion changes on vascular resistance in isolated artery segments. Amer. J. Physiol. **207**, 168 (1964).
58. Castro de la Mata, R., Penna, M., Aviado, D. M.: Reversal of sympathomimetic bronchodilation by dichloro-isoproterenol. J. Pharmacol. exp. Ther. **135**, 197 (1962).
59. Catchpole, B. N., Hackel, D. B., Simeone, F. A.: Coronary and peripheral blood flow in experimental hemorrhagic hypotension treated with 1-norepinephrine. Ann. Surg. **142**, 372 (1955).
60. Chien, S.: Quantitative evaluation of the circulatory adjustment of splenectomized dogs to hemorrhage. Amer. J. Physiol. **193**, 605 (1958).
61. — Role of the sympathetic nervous system in hemorrhage. Physiol. Rev. **47**, 214 (1967).
62. — Billig, S.: The effect of hemorrhage on the cardiac output of sympathectomized dogs. Amer. J. Physiol. **201**, 475 (1961).
63. Clark, W. D., Morrow, A. G., Berry, W. B., Austen, W. G.: Effects of heart rate on the maintenance of cardiac output and arterial pressure in hemorrhagic shock. Surg. Forum **14**, 8 (1963).

64. Clauss, R. H., Ray, J. F.: Pharmacologic assistance to the failing circulation. Surg. Gynec. Obstet. **126**, 611 (1968).
65. Cleghorn, R. A., Armstrong, J. B., McKelvey, A. D.: A standardized method for producing shock in dogs by bleeding. Can. med. Ass. J. **49**, 355 (1943).
66. Close, A. S., Wagner, J. A., Kloehn, R. A., Jr., Kory, R. C.: The effect of norepinephrine on survival in experimental acute hemorrhagic hypotension. Surg. Forum **8**, 22 (1957).
67. Clowes, G. H. A., Jr., Sabga, G. A., Konitaxis, A., Tomin, R., Hughes, M., Simeone, F. A.: Effects of acidosis on cardiovascular function in surgical patients. Ann. Surg. **154**, 524 (1961).
68. Cohn, J. N.: Effect of vasopressor drugs on resistance and capacitance vessels and plasma volume in man. Clin. Res. **11**, 393 (1963).
69. Coleman, B., Glaviano, V. V.: Tissue levels of norepinephrine and epinephrine in hemorrhagic shock. Science **139**, 54 (1962).
70. Corday, E., Williams, J. H., Jr.: Effect of shock and of vasopressor drugs on the regional circulation of the brain, heart, kidney and liver. Amer. J. Med. **29**, 228 (1960).
71. Cournand, A., Riley, R. L., Bradley, S. E., Breed, E. S., Noble, R. P., Lauson, H. D., Gregersen, M. I., Richards, D. W.: Studies of the circulation in clinical shock. Surgery **13**, 964 (1943).
72. Cowley, R. A., Mansberger, A. R., Jr., Rudo, F., Hankins, J. R., Buxton, R. W., Bessman, S. P.: A comparison of the levels of blood ammonia and other metabolites in the portal and systemic circulation during shock. Surg. Forum **10**, 405 (1960).
73. Crowell, J. W., Bounds, S. H., Johnson, W. W.: Effect of varying the hematocrit ratio on the susceptibility to hemorrhagic shock. Amer. J. Physiol. **192**, 171 (1958).
74. — Ford, R. G., Lewis, V. M.: Oxygen transport in hemorrhagic shock as a function of the hematocrit ratio. Amer. J. Physiol. **196**, 1033 (1959).
75. — Guyton, A. C.: Evidence favoring a cardiac mechanism in irreversible hemorrhagic shock. Amer. J. Physiol. **201**, 893 (1961).
76. — — Further evidence favoring a cardiac mechanism in irreversible hemorrhagic shock. Amer. J. Physiol. **203**, 248 (1962).
77. — — Cardiac deterioration in shock – II. – The irreversible stage. In: Shock, p. 13–26. Edited by Hershey, S. G. Boston: Little, Brown 1964.
78. — Houston, B.: Effect of acidity on blood coagulation. Amer. J. Physiol. **201**, 379 (1961).
79. — Read, W. L.: In vivo coagulation – a probable cause of irreversible shock. Amer. J. Physiol. **183**, 565 (1955).
80. — Smith, E. E.: Oxygen deficit and irreversible hemorrhagic shock. Amer. J. Physiol. **206**, 313 (1964).
81. Cull, T. E., Scibetta, M. P., Selkurt, E. E.: Arterial inflow into the mesenteric and hepatic vascular circuits during hemorrhagic shock. Amer. J. Physiol. **185**, 365 (1956).
82. Darby, T. D., Aldinger, E. E., Gadsden, R. H., Thrower, W. B.: Effects of metabolic acidosis on ventricular isometric systolic tension and the response to epinephrine and levarterenol. Circulat. Res. **8**, 1242 (1960).
83. — Watts, D. T.: Acidosis and blood levels in hemorrhagic hypotension. Amer. J. Physiol. **206**, 1281 (1964).
84. Dawes, G. S., Comroe, J. H., Jr.: Chemoreflexes from the heart and lungs. Physiol. Rev. **34**, 167 (1954).

85. DEAVERS, S., SMITH, E. L., HUGGINS, R. A.: Critical role of arterialpressure during hemorrhage in the dog on release of fluid into the circulation and trapping of red cells. Amer. J. Physiol. **195**, 73 (1958).
86. DIETZMANN, R. H., BLOCH, J. H., FEEMSTER, J. A., IDEZUKI, Y., LILLEHEI, R. C.: Mechanism in the production of shock. Surgery **62**, 645 (1967).
87. DOBERNECK, R. C., JOHNSON, D. G., HARDAWAY, R. M.: Blood volume adjustment to shock in dogs. Arch. Surg. **86**, 267 (1963).
88. DRESEL, P. E., MAC CANNEL, K. L., MICKERSON, M.: Cardiac arrhythmias induced by minimal doses of epinephrine in cyclopropane-anesthetized dogs. Circulat. Res. **8**, 948 (1960).
89. DRIPPS, R. D.: Anesthesia and shock. Fed. Proc. **20**, 224 (1961).
90. DRUCKER, W. R.: The influence of hypothermia on metabolism during hemorrhagic shock. Surg. Forum 11. 136 (1960).
91. — KINGSBURY, B., POWER, A., RELLEY, M. O.: Metabolic changes in lethal shock produced by norepinephrine. J. Lab. clin. Med. **60**, 871 (1962).
92. DUFF, J. H., MALAVE, G., PERETZ, D. I., SCOTT, H. M., MAC LEAN, L. D.: The hemodynamics of septic shock in man and in the dog. Surgery **58**, 174 (1965).
93. EBERT, R. V., STEAD, E. A.: Demonstration that in normal man no reserves of blood are mobilized by exercise, epinephrine and hemorrhage. Amer. J. med. Sci. **201**, 655 (1941).
94. ECKENHOFF, J. E., COOPERMAN, L. H.: The clinical application of phenoxybenzamine in shock in vasoconstrictive states. Surg. Gynec. Obstet. **121**, 483 (1965).
95. — HAFKENSCHIEL, J. H., FOLTZ, E. L., DRIVER, R. L.: Influence of hypotension on coronary blood flow, cardiac work and cardiac efficiency. Amer. J. Physiol. **152**, 545 (1948).
96. ECKSTEIN, J. W., ABBOUD, F. M.: Peripheral venous mechanism which influences arterial pressure: In. Shock and Hypotension, p. 126–132. Edited by MILLS, L. C. and MOYER, J. H. New York: Grune & Stratton 1965.
97. — HAMILTON, W. K.: The pressurevolume responses of human forearm veins during epinephrine and norepinephrine infusion. J. clin. Invest. **36**, 1663 (1957).
98. — WENDLING, M. G., ABBOUD, F. M.: Forearm venous responses to stimulation of adrenergic receptors. Physiologist **7**, 122 (1964).
99. EDWARDS, W. S., REBER, E. W., SIEGEL, A., BING, J. A.: Coronary blood flow and myocardial oxygen consumption in hemorrhagic shock. Surg. Forum **4**, 505 (1953).
100. — SIEGEL, A., BING, R. J.: Studies on myocardial metabolism. III. Coronary blood flow, myocardial oxygen consumption and carbohydrate metabolism in experimental hemorrhagic shock. J. clin. Invest. **33**, 1646 (1954).
101. EHRENGRUBER, H.: A new nomogram for the calculation of haemoglobin oxygen saturation by interference filter photometry. Z. klin. Chem. **6**, 200 (1968).
102. EICHNA, L. W., MCQUARRIE, D. G.: Central nervous system control of circulation. Physiol. Rev. **40, 4** (1960).
103. EINHEBER, A., CERILLI, G. J.: Hemorrhagic shock in the monkey. Amer. J. Physiol. **202**, 1183 (1962).
104. ELIASSON, R., VON EULER, U. S., STJÄRNE, L.: Studies on the release of the adrenergic neuro-transmitter from the perfused ox spleen. I. Action of acids. Acta physiol. scand. **33**, 63 (1955).

105. ENGEL, F. L., HARRISON, H. C., LONG, C. N. H.: Biochemical studies on shock. III. The role of the liver and the hepatic circulation in the metabolic changes during hemorrhagic shock in the rat and the cat. J. exp. Med. **79**, 9 (1944).
106. — MENCKER, W. H., ENGEL, G. L.: "Epinephrine shock" as a manifestation of pheochromocytoma of the adrenal medulla. Report of a case with succesful removal of the tumor. Amer. J. med. Sci. **204**, 649 (1942).
107. — WINTON, M. G., LONG, C. N. H.: Biochemical studies on shock. I. The metabolism of amino acids and carbohydrates during hemorrhagic shock in the rat. J. exp. Med. **77**, 397 (1943).
108. ENTMAN, M. L., HACKEL, D. B., MARTIN, A. M., MIKTAT, E., CHANG, J.: Preventation of myocardial lesions during hemorrhagic shock in dogs by pronethalol. Arch. Path. **83**, 392 (1967).
109. ERLANGER, J., GESELL, R., GASSER, H. S.: Studies in secondary traumatic shock. III. Circulatory failure due to adrenaline. Amer. J. Physiol. **49**, 345 (1919).
110. VON EULER, U. S.: Action stimulante peripherique de l'adrenaline sur le metabolism cellulaire. C. R. Soc. Biol. (Paris) **180**, 246 (1931).
111. — Adrenaline and noradrenaline. Distribution and action. Pharmacol. Rev. **6**, 15 (1954).
112. — HELLNER-BLORKMAN, S.: Effect of increased adrenergic nerve activity on the content of noradrenaline and adrenaline in cat organs. Acta physiol. scand. **118**, 17 (1955).
113. FEINS, N. R., DEL GUERCIO, L. R. M.: Increased cardiovascular function in clinical metabolic acidosis. Surg. Forum **17**, 39 (1966).
114. FELL, C.: Changes in distribution of blood flow in irreversible hemorrhagic shock. Amer. J. Physiol. **210**, 863 (1966).
115. FINE, J.: Comparison of various forms of experimental shock. In: Shock, Pathogenesis and Therapy, p. 25–39. Edited by BOCK, K. D. Berlin-Göttingen-Heidelberg: Springer 1962.
116. — Shock and peripheral circulatory insufficiency. In: Handbook of Physiology. Circulation, edited by HAMILTON, W. F., DOW, P. Washington, D.C.: Amer. J. Physiol. 1965, sect. 2, vol. **3**, p. 2037–2070.
117. — Current status of problem of traumatic shock. Surg. Gynec. Obstet. **120**, 537 (1965).
118. — SELIGMAN, A. M.: Traumatic shock. VII. A study of the problem of the "lost plasma" in hemorrhagic, tourniquet and burn shock by the use of radioactive iodo-plasma protein. J. clin. Invest. **23**, 720 (1944).
119. FLECKENSTEIN, A., DÖRING, H. J., KAMMERMEIER, H.: Einfluß von beta-Rezeptorenblockern und verwandten Substanzen auf Erregung, Kontraktion und Energiestoffwechsel der Myocardfaser. Klin. Wschr. **46**, 343 (1968).
120. FOLKOW, B.: Effects of catecholamines on consecutive vascular sections. In: Adrenergic Mechanisms, p. 190–198. Edited by VANE, J. R., WOLSTENHOLME. G. E. W. and O'CONNOR, M. Boston: Little, Brown 1960.
121. — Vom Nervensystem ausgehende Einflüsse auf die Strombahn unter besonderer Berücksichtigung der vasokonstriktorisch wirkenden Nervenfasern. In: Schock, p. 69–81. Berlin-Göttingen-Heidelberg: Springer 1962.
122. — HEYMANS, C., NEIL, E.: Integrated aspects of cardiovascular regulation. In: Handbook of Physiology. Circulation, edited by HAMILTON, W. F. and DOW, P. Washington, D.C. Amer. J. Physiol. 1965, sect. 2, vol. **3**, p. 1787 to 1825.
123. — MELLANDER, S.: Veins and venous return. Amer. Heart. J. **68**, 397 (1964).

124. Fowler, N. O., Franch, R.: Mechanism of pressor response to I-norepinephrine during hemorrhagic shock. Circulat. Res. **5**, 153 (1957).
125. Fozzard, H. A., Gilmore, J. P.: Use of levarterenol in treatment of irreversible hemorrhagic shock. Amer. J. Physiol. **196**, 1029 (1959).
126. Frank, E. D., Frank, H. A., Jacob, S., Weizel, H. A. E., Korman, H., Fine, J.: Effect of norepinephrine on circulation of the dog in hemorrhagic shock. Amer. J. Physiol. **186**, 74 (1956).
127. Frank, H. A., Seligman, A., Fine, J.: The prevention of irreversibility in hemorrhagic shock by viviperfusion of the liver. J. clin. Invest. **25**, 22 (1946).
128. Freeman, N. E.: Decrease in blood volume after prolonged hyperactivity of the sympathetic nervous system. Amer. J. Physiol. **103**, 185 (1933).
129. — Freeman, H., Miller, C. C.: The production of shock by the prolonged continuous infusion of adrenaline in unanesthetized dogs. Amer. J. Physiol. **131**, 545 (1941).
130. — Shaffer, S. A., Schecter, A. E., Holling, H. E.: The effect of total sympathectomy on the occurrence of shock from hemorrhage. J. clin. Invest. **17**, 359 (1938).
131. Freidman, E. W., Milrod, S., Frank, H. A., Fine, J.: Hepatic circulation in hemorrhagic shock in the rat. Proc. Soc. exp. Biol. (N.Y.) **82**, 636 (1953).
132. Furchgott, R. F.: The receptors for epinephrine and norepinephrine (Adrenergic receptors). Pharmacol. Rev. **11**, 429 (1959).
133. — Receptors for sympathomimetic amines. In: Adrenergic Mechanism, p. 246. London: J. & A. Churchill Ltd. 1960.
134. Gauer, O. H., Henry, J. P.: Circulatory basis of fluid volume control. Physiol. Rev. **43**, 423 (1963).
135. Gelin, L. E.: Studies in the anemia of injury. Acta chir. scand. **210**, 1 (1956).
136. Gellhorn, E.: Adjustment to hemorrhage. In: Autonomic Regulations. chapt. 6, p. 71–82, New York: Interscience, 1943.
137. — Effect of hemorrhage, reinjection of blood and dextran on the reactivity of the sympathetic and parasympathetic systems. Acta neuroveg. (Wien) **22**, 291 (1962).
138. Gerst, P. H., Rattenborg, C., Holaday, D. A.: The effects of hemorrhage on pulmonary circulation and respiratory gas exchange. J. clin. Invest. **38**, 524 (1959).
139. Gigon, J. P., Wolf, G., Enderlin, F.: Schockbehandlung mit Isoproterenol. Schweiz. med. Wschr. **96**, 597 (1966).
140. Gilbert, R. P.: Mechanism of the hemodynamic effects of endotoxin. Physiol. Rev. **40**, 245 (1960).
141. — Hohf, R.: Hemodynamic basis of norepinephrine shock. Proc. Soc. exp. Biol. (N.Y.) **116**, 43 (1964).
142. Gilmore, J. P.: Effectiveness of levarterenol during hemorrhagic hypotension. Amer. J. Physiol. **195**, 473 (1958).
143. — Smythe, McC., Hardford, S. W.: The effects of 1-norepinephrine on cardiac output in the anesthetized dog during graded hemorrhage. J. clin. Invest. **33**, 884 (1954).
144. Glasser, O., Page, I. H.: Experimental hemorrhagic shock: a study of its production and treatment. Amer. J. Physiol. **154**, 297 (1948).
145. Glaviano, V. V., Colemen, B.: Myocardial depletion of norepinephrine in hemorrhagic hypotension. Proc. Soc. exp. Biol. (N.Y.) **107**, 761 (1961).
146. Gomez-Povina, O. A., Canepa, J. J.: Catecholamine content of the ventricular myocardium in dogs following hemorrhagic hypotension. J. surg. Res. **5**, 341 (1965).

147. GOMEZ, O. A., HAMILTON, W. F.: Functional cardiac deterioration during development of hemorrhagic circulatory deficiency. Circulat. Res. **14**, 327 (1964).
148. GOURZIS, J. T., NICKERSON: Intraorgan blood flow distribution in shock. In: Shock and Hypotension, p. 289–294. Edited by MILLS, L. C. and MOYER, J. H. New York: Grune & Stratton 1965.
149. — ROQUE, N., NICKERSON, M.: Chemical structure and antishock activity among compounds related to phenoxybenzamine (Dibenzyline). J. Pharmacol. exp. Ther. **141**, 314 (1963).
150. GRANDJEAN, T., RIVIER, J. L.: Cardio-circulatory effects of beta-adrenergic blockade in organic heart disease. Brit. Heart. J. **30**, 50 (1968).
151. GRAYSON, J., MENDEL, J.: Physiology of the splanchnic circulation. London: E. Arnold Ltd. 1965.
152. GREEN, H. D.: Physiology of peripheral circulation in shock. Fed. Proc. **20**, 61 (1961).
153. — HALL, L. S., SEXTON, J., DEAL, C. P.: Autonomic vasomotor responses in the canine hepatic arterial and venous beds. Amer. J. Physiol. **196**, 196 (1959).
154. — KEPCHAR, J. H.: Control of peripheral resistance in major systemic vascular bed. Physiol. Rev. **39**, 617 (1959).
155. — RAPELA, C. E.: Neurogenic and autoregulation of the resistance and capacitance Components of the peripheral vascular system. In: Shock and Hypotension, p. 91–110. Edited by MILLS, L. C. and MOYER, J. H. New York: Grune & Stratton 1965.
156. — — CONRAD, M. C.: Resistance (conductance) and capacitance phenomena in terminal vascular beds. In: Handbook of Physiology. Circulation, edited by HAMILTON, W. F., DOW, P. Washington, D.C.: Amer. J. Physiol., 1963, sect. **2**, vol. 2. p. 935–960.
157. GREEVER, C. J., WATTS, D. T.: Epinephrine levels in peripheral blood during irreversible hemorrhagic shock in dogs. Circulat. Res. **7**, 192 (1959).
158. GREGA, G. J., KINNARD, W. K., BUCKLEY, J. P.: Effects of nylidrin, isoproterenol and phenoxybenzamine on dogs subjected to hemorrhagic shock. Circulat. Res. **20**, 253 (1967).
159. GREGERSEN, M. I.: Physiological contributions to the problem of shock. Fed. Proc. **3**, 354 (1946).
160. — Experimental studies on traumatic and hemorrhagic shock. Ann. N.Y. Acad. Sci. **49**, 542 (1948).
161. GREGG, D. E.: Hämodynamische Faktoren im Schock. In: Schock, Pathogenese und Therapie. p, 57–68. Edited by BOCK, K. D. Berlin-Göttingen-Heidelberg: Springer 1962.
162. — The coronary circulation in health and disease. Philadelphia: Lea and Febiger 1950.
163. GREISHEIMER, E. M.: The circulatory effects of anesthetics. In: Handbook of Physiology. Circulation, edited by HAMILTON, W. F., DOW, P. Washington, D.C.: Amer. J. Physiol., 1965, sect. 2. vol, **3**, p. 2477–2510.
164. GREMELS, H.: Über die Steuerungen der energetischen Vorgänge am Säugetierherzen. Arch. exp. path. Pharmak. **182**, 1 (1936).
165. GRIFFIN, J. C., JR., WEBB, W. R., LEE, S. S., HARDY, J. D., MCRAE, J. M., JR.: The effect of norepinephrine (Levophed) on survival in standard oligemic shock. Surg. Forum **9**, 4 (1958).
166. GUDBJARNASON, S., BING, R. J.: The redox-potential of the lactate-pyruvate system in blood as an indicator of the functional state of cellular oxidation. Biochem. biophys. Acta (Amst.) **60**, 158 (1962).

167. — HAYDEN, R. O., WENDT, V. E., STOCK, T. B., BING, R. J.: Oxidation reduction in heart muscle. Theoretical and clinical considerations. Circulation **26**, 937 (1962).
168. GUYTON, A. C.: Venous return. In: Handbook of Physiology. Circulation, edited by HAMILTON, W. F., DOW, P. Washington, D.C.: Amer. J. Physiol., 1963, sect. 2, vol. **2**, p. 1099–1134.
169. — BATSON, H. M., JR., SMITH, C. M., JR.: Adjustments of the circulatory system following very rapid transfusion or hemorrhage. Amer. J. Physiol. **164**, 351 (1951).
170. — CROWELL, J. W.: Cardiac Deterioration in shock. In: Shock, p. 1–12. Edited by HERSHEY, S. G. Boston: Little, Brown 1964.
171. HACKEL, D. B.: Effects of 1-norepinephrine in cardiac metabolism of dogs in hemorrhagic shock. Proc. Soc. exp. Biol. (N.Y.) **103**, 780 (1960).
172. — GOODALE, W. T.: Effects of hemorrhagic shock on the heart and circulation of intact dogs. Circulation **11**, 628 (1955).
173. — MARTIN, A. M., JR., SPACH, M. S., SIEKER, H. O.: Hemorrhagic shock in dogs. Arch. Path. **77**, 575 (1964).
174. HADDY, F. J., GORDON, M. S., EMANUEL, D.: The influence of tone upon responses of small and large vessels to serotonin. Circulat. Res. **7**, 123 (1959).
175. — SCOTT, J. B., MOLNAR, J. I.: Mechanism of volume replacement and vascular constriction following hemorrhage. Amer. J. Physiol. **208**, 169 (1965).
176. HAIST, R. E., HAMILTON, J. I.: Reversibility of carbohydrate and other changes in rats in shock. J. Physiol (Lond.) **102**, 471 (1944).
177. HAKSTIAN, R. W., HAMPSON, L. G., GURD, E. N.: Pharmacological agents in experimental hemorrhagic shock – a controlled comparison of treatment with hydralazine, hydrocortisone and levarterenol (1-norepinephrine). Arch. Surg. **83**, 335 (1961).
178. HALLEY, M. M., REEMTSMA, K., CREECH, O., JR.: Cerebral blood flow, metabolism and brain volume in extracorporal circulation. J. thorac. Surg. **36**, 506 (1958).
179. HALMÁGYI, D. F. J., GILLET, D. J., IRVING, M. H.: Partial and "complete" adrenergic blockade in posthemorrhagic shock. J. appl. Physiol. **22**, 487 (1967).
180. HALPERN, B. N.: Der allergische Schock. In: Schock, Pathogenese und Therapie, Internationales Symposion, p. 309–324. Edited by BOCK, K. D. Berlin-Göttingen-Heidelberg: Springer 1962.
181. HANDLEY, C. A., MOYER, J. H.: Unilateral renal adrenergic blockade and the renal response to vasopressor agents and to hemorrhage. J. Pharmacol. exp. Ther. **112**, 1 (1954).
182. HARDAWAY, R. M.: The role of intravascular clotting in the etiology of shock. Ann. Surg. **155**, 325 (1962).
183. — Intravascular coagulation in irreversible shock. In: Shock and Hypotension, p. 621–628. Edited by MILLS, L. C. and MOYER, J. H. New York: Grune & Stratton 1965.
184. — BARILA, T. G., BURNS, J. W., MOCK, H. P.: Studies on pH changes in endotoxin and hemorrhagic shock. J. surg. Res. **4**, 278 (1961).
185. — BRUNE, W. H., GEEVER, E. P., BURNS, J. W., MOCK, H. P.: Studies on the role of intravascular coagulation in irreversible hemorrhagic shock. Ann. Surg. **155**, 241 (1962).
186. — DRAKE, D. C.: Prevention of "irreversible" hemorrhagic shock with fibrinolysin. Ann. Surg. **157**, 39 (1963).

187. HASSELBALCH, K. A.: Die Berechnung der Wasserstoffzahl des Blutes aus der freien und der gebundenen Kohlensäure desselben, und die Sauerstoffbindung des Blutes als Funktion der Wasserstoffzahl. Biochem. Z. **78**, 112 (1916).
188. HAWTHORNE, E. W., ISON, E. L.: Effects of sympathicomimetic amines and adrenergic blocking agents on myocardial function. In: Shock and Hypotension, p. 45–62. Edited by MILLS, L. C., MOYER, J. H. New York: Grune & Stratton 1965.
189. HAY, E. B., WEBB, J. K.: The effect of increased arterial blood flow to the liver on the mortality rate following hemorrhagic shock. Surgery **29**, 826 (1951).
190. HEMADY, K. T., HOPKINS, R. W., SIMEONE, F. A.: Effect of vasopressors on renal function in acute oligemia. Surg. Forum **12**, 95 (1961).
191. HENDERSON, L. J.: Das Gleichgewicht zwischen Basen und Säuren im tierischen Organismus. Ergebn. Physiol. **8**, 254 (1909).
192. HERSHEY, S. G., ZWEIFACH, B. W., METZ, D. B.: An evaluation of the protective action of autonomic blocking agents in peripheral circulatory stress. Anesthesiology **15**, 589 (1954).
193. — Current theories of shock. Anesthesiology **21**, 303 (1960).
194. — Dynamics of peripheral vascular collapse in shock. In: Shock, p. 27–42. Edited by HERSHEY, S. G. Boston: Brown 1964.
195. HEYMANS, C., NEIL, E.: Reflexogenic areas of the cardiovascular system. London: Churchill 1958.
196. HIFT, H., CAMPOS, H. A.: Changes in subcellular distribution of cardiac catecholamines in dogs dying in irreversible hemorrhagic shock. Nature **196**, 678 (1962).
197. — STRAWITZ, J. G.: Irreversible hemorrhagic shock in dogs: problem of onset of irreversibility. Amer. J. Physiol. **200**, 269 (1961).
198. HINSHAW, D. B., PETERSON, M., HUSE, W. M., STAFFORD, C. E., JOERGENSEN, E. J.: Regional blood flow in hemorrhagic shock. Amer. J. Surg. **102**, 224 (1961).
199. HOCHREIN, H.: Genese und Therapie des hämorrhagischen Schocks. Stuttgart: Thieme 1966.
200. HOFFMAN, B. F., CRANEFIELD, P. F.: Electrophysiology of the heart. New York: McGraw 1960.
201. HOHORST, H. J.: L-(+)-Lactat. Bestimmung mit Lactatdehydrogenase und DPN. In: Methoden der enzymatischen Analyse, edited by BERGMEYER, H. U. Weinheim: Chemie GmbH 1962.
202. HORVATH, S. M., FARRAND, F. A., HUTT, B. K.: Cardiac dynamics and coronary blood flow consequent to acute hemorrhage. Amer. J. Cardiol. **2**, 357 (1958).
203. HOWARD, J. M.: Hämorrhagischer und posthämorrhagischer Schock. In: Schock, Pathogenese und Therapie, p. 208–217. Edited by BOCK, K. D. Berlin-Göttingen-Heidelberg: Springer 1962.
204. — The course and fatality in hemorrhagic shock in man. In: Shock and Hypotension, p. 392–396. Edited by MILLS, L. C. and MOYER, J. H. New York: Grune & Stratton 1965.
205. HOWITT, G.: Therapy with adrenergic drugs and their antagonists. Brit. J. Anaesth. **38**, 719 (1966).
206. HUCKABEE, W. E.: Relationship of pyruvate and lactate during anaerobic metabolism. III. Effect of breathing low-oxygen gases. J. clin. Invest. **37**, 264 (1958).

207. HUCKABEE, W. E.: Relationship of pyruvate and lactate during anaerobic metabolism. IV. Local tissue components of total body O_2-debt. Amer. J. Physiol. **196**, 253 (1959).
208. — Relationship of pyruvate and lactate during anaerobic metabolism. V. Coronary Adequacy. Amer. J. Physiol. **200**, 1169 (1961).
209. HYMAN, A. L., DE PASQUALE, N. P., BURCH, G. E.: Function of pulmonary veins in reversible and irreversible hemorrhagic shock and transfusion. J. Lab. clin. Med. **62**, 886 (1963).
210. HYNIE, S., WENKE, M., MÜHLBACHOVA, E.: Zur Charakteristik der Beeinflussung des Glycid-Metabolismus durch Adrenomimetika. Arzneimittel-Forsch. **11**, 858 (1961).
211. IZQUIETA, J. M., PASTERNACK, B.: Electrocardiographic changes in hemorrhage and ischemic compression shock. Proc. Soc. exp. Biol. (N.Y.) **61**, 407 (1946).
212. JACOB, S., FRIEDMAN, E. W., LEVENSON, S., GLOTZER, P., FRANK, H. A., FINE, J.: Antiadrenergic and antihistaminic treatment in hemorrhagic shock in dog and rat. Amer. J. Physiol. **186**, 79 (1956).
213. JACHSON, A. J., WEBB, W. R.: Effects of norepinephrine on differential blood flow in graded hemorrhage. Surg. Forum **13**, 14 (1962).
214. JANOFF, A., WEISSMANN, G., ZWEIFACH, B. W., THOMAS, L.: Pathogenesis of experimental shock. IV. Studies on lysosomes in normal and tolerant animals subjected to lethal trauma and endotoxemia. J. exp. Med. **116**, 451 (1962).
215. JOHNSON, D. G., PARKINS, W. M.: Effects of 1-norepinephrine and isoproterenol upon blood pressure, cardiac output, mesenteric and renal blood flows in hemorrhagic shock. Fed. Proc. **23**, 416 (1964).
216. JOHNSON, P. C.: Changes in intestinal volume with hemorrhage. Amer. J. Physiol. **199**, 589 (1960).
217. — HANSON, K. M.: Effect of arterial pressure on arterial and venous resistance of intestine. J. appl. Physiol. **16**, 503 (1962).
218. JONES, C. E., CROWELL, J. W., SMITH, E. E.: A cause-effect relationship between oxygen deficit and irreversible hemorrhagic shock. Surg. Gynec. Obstet. **127**, 93 (1968).
219. KAISER, G. A., JR., ROSS, J., BRAUNWALD, E.: Alpha and beta adrenergic receptor mechanisms in the systemic venous bed. J. Pharmacol. exp. Therap. **144**, 156 (1964).
220. KALTREIDER, N. L., MENEELY, G. R., ALLEN, J. R.: The effect of epinephrine on the volume of the blood. J. clin. Invest. **21**, 339 (1942).
221. KARDOS, G. G.: Isoproterenol in the treatment of shock due to bacteremia with gram-negative pathogens. New. Engl. J. Med. **274**, 868 (1966).
222. KEDDIE, N. C., PROVAN, J. L., AUSTEN, W. G.: Central venous pressure, blood volume determinations, and the effects of vasoactive drugs in hypovolemic shock. Surgery **60**, 427 (1966).
223. KELLY, R. T., FREIS, E. D., HIGGINS, T. F.: The effects of hexamethonium on certain manifestations of congestive heart failure. Circulation **7**, 169 (1953).
224. KIRK, E. S., HONIG, C. R.: Nonuniform distribution of blood flow and gradients of oxygen tension within the heart. Amer. J. Physiol. **207**, 661 (1964).
225. KLARWEIN, M., LAMPRECHT, W., LOHMANN, E.: Der Stoffwechsel des Herzens bei experimentellem Kammerflimmern. Hoppe-Seylers Z. physiol. Chem. **328**, 41 (1962).
226. KOVACH, A. G. B.: Discussion, nutritional and metabolic aspects of shock. Fed. Proc. **9**, 122 (1961).

227. — ROHEIM, P. S., IRANGYI, M., KOVACH, E.: Renal function in hemorrhagic shock, with the head perfused with normal blood. Acta Physiol. Acad. Sci. hung. **14**, 247 (1958).
228. KUSCHINSKY, G., LÜLLMANN, H.: Pharmakologie. Stuttgart: Thieme 1966.
229. LAMPRECHT, W.: Stoffwechsel des kammerflimmernden Herzens. In: Herzinsuffizienz, Hämodynamik und Stoffwechsel, p. 241. Internationales Symposium, Würzburg, Juli 1963. Stuttgart: Thieme 1964.
230. — KLARWEIN, M.: Biochemie des Herzstoffwechsels. Naturwissenschaftliche Rundschau **15**, 373 (1962).
231. LAMSON, P. D., DE TURK, W. E.: Studies on shock induced by hemorrhage. J. Pharmacol. exp. Ther. **83**, 250 (1945).
232. LANDGREN, S., NEIL, E.: The contribution of carotid chemoreceptor mechanism to the rise of blood pressure caused by carotid occlusion. Acta physiol. scand. **23**, 152 (1951).
233. LANDIS, E. M., HORTENSTINE, J. C.: Functional significance of venous blood pressure. Physiol. Rev. **30**, 1 (1950).
234. — PAPPENHEIMER, J. R.: Exchange of substances through the capillary walls. In: Handbook of Physiology. Circulation, edited by HAMILTON, W. F. and Dow, P. Washington, D.C.: Amer. J. Physiol., 1963, sect. 2, vol. **2**, p. 961 to 1034.
235. LANSING, A. M., STEVENSON, J. A. F.: Mechanism of action of norepinephrine in hemorrhagic shock. Amer. J. Physiol. **193**, 289 (1958).
236. LASSEN, N. A.: Cerebral blood flow and oxygen consumption in man. Physiol. Rev. **39**, 183 (1959).
237. MAC LEAN, L. D., DUFF, J. H., SCOTT, H. M., PERETZ, D. I.: Treatment of shock in man based on hemodynamic diagnosis. Surg. Gynec. Obstet. **120**, 1 (1965).
238. LEVENSON, S. M., EINHEBER, A., MALM, O. J.: Metabolic and nutritional consequences of shock. Fed. Proc. **20**, 99 (1961).
239. — NAGLER, A. L., EINHEBER, A.: Some metabolic consequences of shock. In: Shock, p. 79–92. Edited by HERSHEY, S. G. Boston: Little, Brown 1964.
240. LEVY, M. N., BLATTENBERG, B.: Blood factors in shock. In: Shock, p. 65–77. Edited by HERSHEY, S. G. Boston: Little, Brown 1964.
241. — BRIND, S. H.: Influence of 1-norepinephrine upon cardiac output in anesthetized dogs. Circulat. Res. **5**, 85 (1957).
242. LEWIS, D. H., MELLANDER, S.: Competitive effects of sympathetic control and tissue metabolites on resistance and capacitance vessels and capillary filtration in skeletal muscle. Acta physiol. scand. **56**, 162 (1962).
243. LEWIS, R. N., NICKERSON, N. D.: Prolonged adrenaline hypertension and subsequent circulatory failure. Proc. Soc. exp. Biol. (N.Y.) **51**, 389 (1942).
244. LILLEHEI, R. C.: The intestinal factor in irreversible shock. Surgery **42**, 1043 (1957).
245. — LONGERBEAM, J. K., BLOCH, J. H., MANAX, W. G.: The nature of irreversible shock: Experimental and clinical observations. Ann. Surg. **160**, 682 (1964).
246. — — — — The nature of experimental irreversible shock with its clinical application. In: Shock, p. 139–206. Edited by HERSHEY, S. G. Boston: Little, Brown 1964.
247. — — ROSENBERG, J. C.: Das Wesen des irreversiblen Schocks: Seine Beziehungen zu Veränderungen im Bereich des Darmes. In: Schock, Pathogenese und Therapie, p. 118–143. Edited by BOCK, K. D. Berlin-Göttingen-Heidelberg: Springer 1962.

248. LINDER, A.: Planen und Auswerten von Versuchen. Basel/Stuttgart: Birkhäuser 1953.
249. LIST, J., McNEILL, I. F., MARSHALL, V. C., PLZAK, L. E., DAGHER, F. J., MOORE, F. D.: Transcapillary refilling after hemorrhage in normal man: basal rates and volumes. Effect of norepinephrine. Ann. Surg. **158**, 698 (1963).
250. LOTZ, F., BECK, L., STEVENSON, J. A. F.: The influence of adrenergic blocking agents on metabolic events in hemorrhagic shock in the dog. Canad. J. Biochem. **33**, 741 (1955).
251. LUNDGREN, O., LUNDWALL, J., MELLANDER, S.: Range of sympathetic discharge and reflex vascular adjustments in skeletal muscle during hemorhagic hypotension. Acta physiol. scand. **62**, 380 (1964).
252. LUNDHOLM, L., MOHME-LUNDHOLM, E., SVEDMYR, N.: O. Introductory remarks. Pharmacol. Rev. **18**, 255 (1966).
253. LUNDSGAARD-HANSEN, P.: Die regionale Verteilung des Sauerstoffmangels im experimentellen hämorrhagischen Schock. Langenbecks Arch. klin. Chir. **64**, 311 (1965).
254. — Surgical aspects of cardiac metabolism. Surg. Gynec. Obstet. **122**, 1095 (1966).
255. — Oxygen supply and anaerobic metabolism of the heart in experimental hemorrhagic shock. Ann. Surg. **163**, 10 (1966).
256. — MEYER, C., RIEDWYL, H.: Transmural gradients of glycolytic enzyme activities in left ventricular myocardium. I. The normale state. Pflügers Arch. ges. Physiol. **297**, 89 (1967).
257. — — — Transmural gradients of glycolytic enzyme activities in left ventricular myocardium. II. Prolonged hemorrhagic hypotension. Pflügers Arch. ges. Physiol. **301**, 144 (1968).
258. — — — ZIEROTT, G.: Myocardial distribution patterns of glycolytic enzymes in untreated and beta-blockaded hemorrhagic shock. Z. Kreisl.-Forsch. **58**, 623 (1969).
259. — SCHREIBER, U.: Haemoglobin oxygen saturation as determined by interference filter photometry: Sources of error. Z. klin. Chem. **6**, 197 (1968).
260. MANGER, W. M., NAHAS, G. G., HASSAM, D., HABIF, D. V., PAPPER, E. M.: Effect of pH control and increased O_2 delivery on the course of hemorrhagic shock. Ann. Surg. **156**, 503 (1962).
261. MARTIN, A. M., GREEN, W. B., SIMMONS, R. L., SOLOWAY, H. B.: Human myocardial zonal lesions. Arch. Path. **87**, 339 (1969).
262. MARTIN, D. S., KURZWEG, F. T., AMOR, R. L., HARVEY, R., DAIGLE, L.: Multiantagonist and volume therapy for late endotoxin shock. Surgery **60**, 420 (1966).
263. MASTER, A. M., DACK, S., HORN, H., FREEDMAN, B. I., FIELD, L. E.: Acute coronary insufficiency due acute hemorrhage. Circulation **1**, 1302 (1950).
264. MEEK, W. J., EYSTER, J. A. E.: Reactions to hemorrhage. Amer. J. Physiol. **56**, 1 (1921).
265. MELCHER, G. W., JR., WALCOTT, W. W.: Myocardial changes following shock. Amer. J. Physiol. **164**, 832 (1951).
266. MELLANDER, S.: Comperative studies on the adrenergic neurohormonal control of resistance and capacitance blood vessels in cat. Acta physiol. scand. **176**, 1 (1960).
267. — LEWIS, D. H.: Effect of hemorrhagic shock on the reactivity of resistance and capacitance vessels and on capillary filtration transfer in cat skeletal muscle. Circulat. Res. **13**, 105 (1963).

268. MESSMER, K.: Intestinale Faktoren im Schock: Intestinaler Kreislauf. Langenbecks Arch. klin. Chir. **319**, 890 (1967).
269. MIGONE, L.: Metabolische Aspekte des Schock. In: Schock, Pathogenese und Therapie, p. 85–104. Edited by BOCK, K. D. Berlin-Göttingen-Heidelberg: Springer 1962.
270. MILLES, A. A.: Local and systemic factors in shock. Fed. Proc. **20**, 141 (1961).
271. MILLS, L. C., STEPPACHER, R.: Hemodynamic effects of vasopressor agents in hemorrhagic shock. Amer. J. Cardiol. **12**, 614 (1963).
272. MOORE, F. D.: Metabolic care of the surgical patient. Philadelphia and London: W. B. Saunders Company 1959.
273. — The effects of hemorrhage on body composition. New Engl. J. Med. **273**, 567 (1965).
274. MORAN, N. C., MOORE, J. I., HOLCOMB, A. K., MUSHET, G.: Antagonism of adrenergically-induced cardiac arrhytmias by dichlorisoproterenol. J. Pharmacol. **136**, 327 (1962).
275. MOSS, A. J., VITTANDS, I., SCHENK, E. A.: Cardiovascular effects of sustained norepinephrine infusions. I. Hemodynamics. Circulat. Res. **18**, 596 (1966).
276. MÜLLER, W., SMITH, L. L.: Hepatic circulatory changes following endotoxin shock in the dog. Amer. J. Physiol. **204**, 641 (1963).
277. MUSCHOLL, E., RAHN, K. H.: Adrenerge alpha- und beta-Rezeptoren und ihre spezifischen Hemmstoffe. Klin. Wschr. **46**, 113 (1968).
278. MYERS, K. A., PAUL, H. A., JULIAN, O. C.: Responses to isoproterenol and THAM during experimental hemorrhagic shock. Surgery **64**, 653 (1968).
279. MYLON, E., CASHMAN, C. W., JR., WINTERNITZ, M. C.: Studies on mechanism involved in shock and its therapy. Amer. J. Physiol. **142**, 299 (1944).
280. NÄGLE, S., HOCKERTS, TH., BÖGELMANN, G.: Untersuchungen zum Stoffwechsel des Herzmuskels bei Ischämie. Klin. Wschr. **41**, 1020 (1963).
281. NAHAS, G. G., SMALL, H. S., MANGER, W. M., HABIF, D. V., PAPPER, E. M.: Correction of acidosis during hemorrhagic shock. In: Shock and Hypotension, p. 405–413. Edited by MILLS, L. C. and MOYER, J. H. New York: Grune & Stratton 1965.
282. NEIL, E.: Afferent impulse activity in cardiovascular receptor fibers. Physiol. Rev. **40**, 201 (1960).
283. — Reflexmechanismen und Zentralnervensystem. In: Schock, Pathogenese und Therapie, p. 190–195. Edited by BOCK, K. D. Berlin-Göttingen-Heidelberg: Springer 1962.
284. MCNEILL, I. F., DIXON, J. P., MOORE, F. D.: The effects of hemorrhage and hormones on the partition of body water. II. The effects of acute single and multiple hemorrhage and adrenal cortocosteroids in the dog. J. surg. Res. **3**, 332 (1963).
285. NELSON, R. M., HENRY, J. W., LYMAN, J. H.: Influence of 1-norepinephrine on renal blood blow, renal vascular resistance and urine flow in hemorrhagic shock. Surgery **50**, 115 (1961).
286. NICKERSON, M.: Die medikamentöse Behandlung des Schocks. In: Schock, Pathogenese und Therapie, p. 398–415. Edited by BOCK, K. D. Berlin-Göttingen-Heidelberg: Springer 1962.
287. — Adrenergic regulation of cardiac performance. Circulat. Res. **15**, 130 (1964).
288. — Vasoconstriction and vasodilation in shock. In: Shock, p. 227–240. Edited by HERSHEY, S. G. Boston: Little, Brown 1964.
289. — GOURZIS, J. T.: Blockade of sympathetic vasoconstriction in the treatment of shock. J. Trauma **2**, 399 (1962).

290. Nicoll, P. A., Frayser, R.: Physiological considerations of the microcirculation as related to shock. Progr. Card. Dis., N.Y. **9**, 558 (1967).
291. Noble, R. P., Gregersen, M. I.: Blood volume in clinical shock. II. The extent and cause of blood volume reduction in traumatic, hemorrhagic and burn shock. J. clin. Invest. **25**, 172 (1946).
292. Oeberg, B.: Effects of cardiovascular reflexes on net capillary fluid transfer. Acta physiol. scand. **62**, 1 (1964).
293. Opdyke, D. F., Foreman, R. C.: Study of coronary flow under condition of hemorrhagic hypotension and shock. Amer. J. Physiol. **148**, 726 (1947).
294. Page, I. H.: Some neurohormonal and endocrine aspects of shock. Fed. Proc. **20**, 5 (1961).
295. — Abell, R. G.: Effects of acute hemorrhage and of subsequent infusion upon the blood vessels and blood flow as seen in the mesenteries of anesthetized dogs. Amer. J. Physiol. **143**, 182 (1945).
296. Page, E. B., Hickam, J. B., Sieker, H. O., McIntosh, H. D., Pryor, W. W.: Reflex venomotor activity in normal persons and in patients with postural hypotension. Circulation **11**, 262 (1955).
297. Palmerio, D., Zetterstrom, B. E. M., Shammash, J., Euchbaum, E., Frank, E., Fine, J.: Denervation of the abdominal viscera for the treatment of traumatic shock. New Engl. J. Med. **269**, 709 (1963).
298. Pender, J. W., Essex, H. E.: A study of traumatic shock under certain anesthetic agents. Anesthesiology **4**, 247 (1943).
299. Penn, I., Tomin, R., Segel, A., Simeone, F. A.: The portal and hepatic venous system in shock: An angiographic and manometric study in the dog. Ann. Surg. **158**, 672 (1963).
300. Peterson, C. G., Haugen, F. P.: Hemorrhagic shock and the nervous system. 1. Spinal cord reflex activity and brain stem reticular formation. Ann. Surg. **161**, 485 (1965).
301. McPherson, R. C., Haller, J. A., Jr.: The effect of digitalization in irreversible hemorrhagic shock. J. Trauma **3**, 243 (1963).
302. Pilcher, J. D., Sollman, T.: Studies on the vasomotor centre, the effects of hemorrhage and reinjection of Blood and saline solution. Amer. J. Physiol. **35**, 59 (1914).
303. Pinardi, G., Leal, E., Coll, A. S.: Vascular permeability to red blood cells and protein in hemorrhagic shock. Acta physiol. lat.-amer. **17**, 175 (1967).
304. Polle, T. R., Watts, D. T.: Peripheral blood epinephrine levels in dogs during intravenous infusion. Amer. J. Physiol. **196**, 145 (1959).
305. Price, H. L.: General anesthesia and circulatory homeostasis. Physiol. Rev. **40**, 187 (1960).
306. — Circulatory actions of general anesthetic agents and the homeostatic roles of epinephrine and norepinephrine in man. Clin. Pharmacol. Ther. **2**, 163 (1961).
307. Rawson, R. A., Chien, S., Peng, M. T., Dellenback, R. J.: Determination of the residual blood volume required for survival in rapidly hemorrhaged splenectomized dogs. Amer. J. Physiol. **196**, 179 (1959).
308. Reeve, E. B.: Development of knowledge of traumatic shock in man. Fed. Proc. **20**, 12 (1961).
309. Remington, J. W., Hamilton, W. F., Caddel, H. M., Boyd, G. H., Jr., Hamilton, W. F., Jr.: Some circulatory responses to hemorrhage in the dog. Amer. J. Physiol. **161**, 106 (1950).
310. — — Boyd, G. H., Hamilton, W. F., Jr., Caddel, H. M.: Role of vasoconstriction in the response of the dog to hemorrhage. Amer. J. Physiol. **161**, 116 (1950).

311. Reynell, P. C., Marks, P. A., Chidsey, C., Bradley, S. E.: Changes in splanchnic blood flow in dogs after hemorrhage. Clin. Sci. **14**, 407 (1955).
312. Richterich, R.: Klinische Chemie, Theorie und Praxis. Basel/New York: Karger 1965.
313. Rona, G., Chappel, C. I., Kahn, D. S.: The significance of factors modifying the development of isoproterenol-induced myocardial necrosis. Amer. Heart J. **66**, 389 (1963).
314. Root, W. S., Allison, J. B., Cole, W. H., Holmes, J. H., Walcott, W. W., Gregersen, M. I.: Disturbances in the chemistry and in the acid-base balance of the blood of dogs in hemorrhagic and traumatic shock. Amer. J. Physiol. **149**, 52 (1947).
315. Rosenberg, J. C., Lillehei, R. C., Longerbeam, J. K., Zimmermann, B.: Studies on hemorrhagic and endotoxin shock in relation to vasomotor changes and endogenous circulating epinephrine, norepinephrine and serotonin. Ann. Surg. **154**, 611 (1961).
316. Rosoff, L., Udhoji, V. N., Bradley, E. C., Weil, M. H.: Observations on hemodynamic and metabolic changes in hemorrhagic and bacterial shock in man. In: Shock and Hypotension, p. 316–326. Edited by Mills, L. C. and Moyer, J. H. New York: Grune & Stratton 1965.
317. Ross, J., Jr., Frahm, C. J., Braunwald, E.: The influence of intracardiac baroreceptors on venous return, systemic vascular volume and peripheral resistance. J. clin. Invest. **40**, 563 (1961).
318. Rothe, C. F., Schwendemann, F. C., Selkurt, E. E.: Neurogenic control of skeletal muscular resistance in hemorrhagic shock. Amer. J. Physiol. **204**, 925 (1963).
319. — Selkurt, E. E.: Vasoactive agents in portal blood during hemorrhagic shock. Amer. J. Physiol. **200**, 1177 (1961).
320. — — Cardiac and peripheral failure in hemorrhagic shock in the dog. Amer. J. Physiol. **207**, 203 (1964).
321. Rush, B. F., Jr., Rosenberg, J. C., Spencer, F. C.: Effect of dibenzyline treatment on cardiac dynamics and oxidative metabolism in hemorrhagic shock. Ann. Surg. **162**, 1013 (1965).
322. Rushmer, R. F.: Effects of nerve stimulation and hormones on the heart: the role of the heart in general circulatory regulation. In: Handbook of Physiology. Circulation, edited by Hamilton, W. F. and Dow, P. Washington, D.C.: Amer. J. Physiol., 1962, sect. 2, vol. **1**, p. 533–550.
323. — Neural factors regulating cardiac output. In: Shock and Hypotension, p. 22–31. Edited by Mills, L. C. and Moyer, J. H. New York: Grune & Stratton 1965.
324. — van Citters, R. L., Franklin, D.: Definition and classifikation of various forms of shock. In: Shock, Pathogenesis and Therapy, p. 1–22. Edited by Bock, K. D. Berlin-Göttingen-Heidelberg: Springer 1962.
325. — Watson, N., Harding, D., Baker, D.: Compensation to exsanguination hypotension in healthy conscious dogs. Amer. J. Physiol. **205**, 1000 (1963).
326. Sapirstein, L. A.: Central pressure-flow mechanism in the regulation of the cardiac output. In: Shock and Hypotension, p. 39–44. Edited by Mills, L. C. and Moyer, J. H. New York: Grune & Stratton 1965.
327. Sarnoff, S. J., Berglund, E.: Neurohemodynamics of pulmonary edema. IV. Effect of systemic vasoconstriction and subsequent vasodilation on flow and pressures in systemic and pulmonary vascular beds. Amer. J. Physiol. **170**, 588 (1952).

328. — Case, R. B., Watthe, P. E., Issacs, J. P.: Insufficient coronary flow and myocardial failure as a complicating factor in later hemorrhagic shock. Amer. J. Physiol. **176**, 439 (1954).
329. — Goodale, W. T., Sarnoff, L. C.: Graded reduction of arterial pressure in man by means of a thiophanium derivative (Ro2-2222), preliminary observations on its effect in the treatment of acute pulmonary edema. Circulation **6**, 63 (1952).
330. — Mitchell, J. H.: The control of the function of the heart. In: Handbook of Physiology. Circulation, edited by Hamilton, W. F. and Dow, P. Washington, D.C.: Amer. J. Physiol. 1962, sect. 2, vol. **1**, p. 489–532.
331. Satake, Y.: The amount of epinephrine secreted from the suprarenal glands of dogs in hemorrhage and in poisoning with quanidine, peptone, coffein, urethane, camphor etc. Tohoku J. exp. Med. **16**, 233 (1931).
332. Sayers, G., Sayers, M. A., Liang, T. Y., Long, C. N. H.: Cholesterol and ascorbic acid content of adrenal, liver, brain and plasma following hemorrhage. Endocrinology **37**, 96 (1945).
333. Seeley, S. F., Essex, H. E., Mann, F. C.: Comparative studies on traumatic shock under ether and under sodium amital anesthesia. Ann. Surg. **104**, 332 (1936).
334. Seligman, A. M., Frank, H. A., Alexander, B., Fine, J.: Traumatic shock, carbohydrate metabolism in hemorrhagic shock in dog. J. clin. Invest. **26**, 536 (1947).
335. Selkurt, E. E.: Mesenteric hemodynamics during hemorrhagic shock in the dog with functional absence of the liver. Amer. J. Physiol. **193**, 599 (1958).
336. — Alexander, R. S., Patterson, M. B.: The role of the mesenteric circulation in the irreversibility of hemorrhagic shock. Amer. J. Physiol. **149**, 732 (1947).
337. — Brecher, G. A.: Splanchnic hemodynamics and oxygen utilization during hemorrhagic shock in the dog. Circulat. Res. **4**, 693 (1956).
338. — Rothe, C. F.: Critical analysis of traumatic shock models. Fed. Proc. **20**, 30 (1961).
339. — — Pressure gradients in the splanchnic bed of the monkey during hemorrhagic shock. Proc. Soc. exp. Biol. (N.Y.) **11**, 57 (1962).
340. Selmonosky, C. A., Goetz, R. H., State, D.: The role of acidosis in the irreversibility of experimental hemorrhagic shock. J. surg. Res. **3**, 491 (1963).
341. Sharin, A. T., Lockwood, M. A., Griffith, T. R.: Role of the liver in calorigenic action of epinephrine and norepinephrine. Amer. J. Physiol. **203**, 49 (1962).
342. Sharpey-Schafer, E. P.: Venous tone. Brit. med. J. **2**, 1589 (1961).
343. — Ginsburg, J.: Humoral agents and venous tone. Effects of catecholamines, 5-hydroxytryptamine, histamine and nitritex. Lancet **2**, 1337 (1962).
344. Shoemaker, W. C.; Shock, p. 139. Springfield: Charles, C. Thomas 1967.
345. — Szanto, P. B., Fitch, L. B., Brill, N. R.: Hepatic physiologic and morphologic alterations in hemorrhagic shock. Surg. Gynec. Obstet. **118**, 828 (1964).
346. — Turk III, L. N., Moore, F. D.: Hepatic vascular response to epinephrine. Amer. J. Physiol. **201**, 58 (1961).
347. — Walker, W. F., Turk III, L. N.: The role of the liver in the development of hemorrhagic shock. Surg. Gynec. Obstet. **112**, 327 (1961).
348. Shorr, E.: In: Hypertension: A Symposium, edited by Bell, E. T. Minneapolis: Univ. of Minnesota Press 1951.

349. Siegel, J. H., Greenspan, M., Del Guerico, L. R. M.: Abnormal vascular tone, defective oxygen transport, and myocardial failure in human septic shock. Ann. Surg. **165**, 504 (1967).
350. — — Cohn, J., Del Guerico, L. R. M.: A bedside computer and physiologic nomograms. Arch. Surg. **97**, 480 (1963).
351. Siggaard-Andersen, O.: The acid-base-status of the blood. Kopenhagen: Munksgaard 1963.
352. Silberschmid, M., Saito, S., Smith, L. L.: Circulatory effects of acute lactic acidosis in dogs prior to and after hemorrhage. Amer. J. Surg. **112**, 175 (1966).
353. Simeone, F. A.: Experimental hemorrhagic shock and irreversibility. In: Shock and Hypotension, p. 588–604. Edited by Mills, L. C. and Moyer, J. H. New York: Grune & Stratton 1965.
354. — Husni, E. A., Weidner, M. G.: The effect of 1-norepinephrine upon the myocardial oxygen tension and survival in acute hemorrhagic hypotension. Surgery **44**, 168 (1958).
355. Smiddy, F. G., Segel, D., Fine, J.: Host resistance to hemorrhagic shock. XII. Mechanism of protective action of dibenamine. Proc. Soc. exp. Biol. (N.Y.) **97**, 584 (1958).
356. Smith, E. E., Crowell, J. W.: Effect of hemorrhagic hypotension on oxygen consumption of dogs. Amer. J. Physiol. **207**, 647 (1964).
357. Smith, E. L., Huggins, R. A., Deavers, S.: Effect of blood volume on movement of protein and volume distribution of albumin in the dog. Amer. J. vet. Res. **26**, 829 (1965).
358. Smith, L. L., Reeves, C. D., Hinshaw, D. B.: Hemodynamic alterations and regional blood flow in hemorrhagic shock. In: Shock and Hypotension, p. 373–384. Edited by Mills, L. C. and Moyer, J. H. New York: Grune & Stratton 1965.
359. — Silberschmid, M., Hinshaw, D. B.: Atropin, norepinephrine and isoproterenol and the cardiac response to experimental lactic acidosis. Amer. J. Surg. **114**, 267 (1967).
360. — Veragut, U. P.: The liver and shock: initiating and perpetuating factors. Progr. Surg. (Basel) **4**, 55 (1964).
361. Smith, N. Y., Corbascio, A. N.: Myocardial resistance to metabolic acidosis. Arch. Surg. **92**, 892 (1966).
362. Smythe, C. M.: Effect of hemorrhage on hepatic blood flow determined by radioactive colloidal chromic phosphate removal. Circulat. Res. **7**, 268 (1959).
363. Soskin, S.: On the calorigenic action of epinephrine. Amer. J. Physiol. **83**, 162 (1927).
364. Spacek, B., Keszler, H., Rachenberg, E.: Drug treatment of hemorrhagic shock. Bull. Soc. int. Chir. **20**, 137 (1961).
365. Spanner, R.: Neue Befunde über die Blutwege der Darmwand und ihre funktionelle Bedeutung. Morph. Jb. **69**, 394 (1932).
366. Svedmyr, N.: Blockade of the calorigenic, hyperglycemic lactic acid-producing and fatty acid-mobilizing effects of adrenaline by an adrenergic beta-receptor blocking agent (pronethalol) in experiments on the rabbit. Acta physiol. scand. **71**, 1 (1967).
367. Swan, H.: Experimental acute hemorrhage. Arch. Surg. **91**, 390 (1965).
368. Schlossberg, T., Sawyer, M. E. M.: Studies of homeostasis in normal, sympathectomized and ergotamized animals. IV. The effect of hemorrhage. Amer. J. Physiol. **104**, 195 (1933).

369. Schmidt, H. C., Schmier, J.: Normotoner hämorrhagischer Schock. Pflügers Archiv ges. Physiol. **298**, 336 (1968).
370. Schmier, J.: Das Herz im Schock. Langenbecks Arch. klin. Chir. **319**, 942 (1967).
371. Schmutzer, K. J., Raschke, E., Moloney, J. V.: Intravenous 1-norepinephrine as a cause of reduced plasma volume. Surgery **50**, 452 (1961).
372. Schneider, M.: Die periphere Strombahn im Schock. Dtsch. med. J. **18**, 401 (1967).
373. Schumer, W., Durrani, K. M.: Study of effects of norepinephrine on microcirculation of the dog omentum in oligemic shock. Ann. Surg. **158**, 982 (1963).
374. Starling, E. H., Visscher, M. B.: The regulation of the energy output of the heart. J. Physiol. (Paris) **62**, 241 (1927).
375. Stekiel, W. J., Logic, J. R., Erdelyi, A., Rozek, L. F.: Effect of phenoxybenzamine on plasma volumes during hemorrhagic shock. Amer. J. Physiol. **213**, 1089 (1967).
376. Strawitz, J. G., Hift, H.: Glucose and glycogen metabolism during hemorrhagic shock in the rat. Surg. Forum **11**, 112 (1960).
377. Tahl, A. P., Kinney, J. M.: On the definition and classification of shock. Progr. Card. Dis., N.Y. **9**, 527 (1967).
378. — Wilson, R. G., Kalfuss, L., Andre, J.: The role of metabolic and humoral factors in irreversible shock. In: Shock and Hypotension, p. 609 to 620. Edited by Mills, L. C. and Moyer, J. H. New York: Grune & Stratton 1965.
379. Thrower, W. B., Darby, T. D., Aldinger, E. E.: Acidbase derangements and myocardial contractility. Arch. Surg. **82**, 56 (1961).
380. Turpini, R., Stefanini, M.: The nature and mechanism of the hemostatic breakdown in the course of experimental hemorrhagic shock. J. clin. Invest. **38**, 53 (1959).
381. Udhoji, V. N., Weil, M. H.: Vasodilator action of a "pressor amine", mephentermine (Wyamine), in circulatory shock. Amer. J. Cardiol. **16**, 841 (1965).
382. Uvnäs, B.: Central cardiovascular control. In: Handbook of Physiology. Neurophysiology, edited by Field, J., Magoun, H. W., Hall, V. E. Washington, D.C.: Amer. J. Physiol. 1960, sect. **1**, vol. **2**, p. 1131–1162.
383. Vick, J. A., Ciuchta, H. P., Merickel, J. H., Lindseth, E. O.: Vasodilator therapy in acute hemorrhagic shock. Circulat. Res. **16**, 58 (1965).
384. Vowles, K. D., Barse, F. E., Beyard, W. J., Couves, C. M., Howard, J. M.: Studies of coronary and peripheral blood flow following hemorrhagic shock, transfusion, and 1-norepinephrine. Ann. Surg. **153**, 202 (1961).
385. Walcott, W. W.: Blood volume in experimental hemorrhagic shock. Amer. J. Physiol. **143**, 247 (1945).
386. — Standardisation of experimental hemorrhagic shock. Amer. J. Physiol. **143**, 254 (1945).
387. Walker, W. F., Zileli, M. S., Reutter, F. W., Shoemaker, W. C., Frien, D., Moore, F. D.: Adrenal medullary secretion in hemorrhagic shock. Amer. J. Physiol. **197**, 773 (1959).
388. Walton, R. P., Richardson, J. A., Walton, R. P., Jr., Thompson, W. L.: Sympathetic influences during hemorrhagic hypotension. Amer. J. Physiol. **197**, 223 (1959).
389. Wang, S. C.: Bulbar regulation of cardiovascular activity. Proc. Ann. Meeting Council High Blood Pressure Res. p. 145–162. New York: Amer. Heart Assoc. 1955.

390. WATTS, D. T.: Adrenergic mechanisms in hypovolemic shock. In: Shock and Hypotension, p. 385–391. Edited by MILLS, L. C. and MOYER, J. H. New York: Grune & Stratton 1965.
391. — BRAGG, A. D.: Blood epinephrine levels and automatic reinfusion of blood during hemorrhagic shock in dogs. Proc. Soc. exp. Biol. (N.Y.) **96**, 609 (1957).
392. — WERTFALL, V.: Studies on peripheral blood catecholamine levels during hemorrhagic shock in dogs. Proc. Soc. exp. Biol. (N.Y.) **115**, 601 (1964).
393. WEBB, W. R., SHAHBAZI, N., JACKSON, J.: Metabolic effects of vasopressors and vasodilators in the hypovolemia of standard hemorrhagic shock. Surg. Forum **10**, 378 (1959).
394. WEIDNER, M. G., JR., SIMEONE, F. A.: Distribution of blood in prolonged oligemic hypotension. Surg. Forum **12**, 82 (1961).
395. — — Physiology of prolonged oligemic hypotension. Investigation of pulmonary function. Ann. Surg. **156**, 493 (1962).
396. WEXLER, B. C., KITTINGER, G. W.: Myocardial necrosis in rats: Serum enzymes, adrenal steroid and histopathological alterations. Circulat. Res. **13**, 159 (1963).
397. WIGGERS, C. J.: The present status of the shock problem. Physiol. Rev. **22**, 74 (1942).
398. — Myocardial depression in shock. A survey of cardiodynamic studies. Amer. Heart J. **33**, 633 (1947).
399. — Physiology of shock. New York: Commonwealth Fund 1950.
400. WIGGERS, H. C., GOLDBERG, H., ROEMHILD, F., INGRAHAM, R. G.: Impending hemorrhagic shock and the course of events following administration of Dibenamine. Circulation **2**, 179 (1950).
401. — INGRAHAM, R. C.: Hemorrhagic shock: Definition and criteria for its diagnosis. J. clin. Invest. **25**, 30 (1946).
402. — — ROEMHILD, F., GOLDBERG, H.: Vasoconstriction and the development of irreversible hemorrhagic shock. Amer. J. Physiol. **153**, 511 (1948).
403. WILLIAMS, F. L., RODBARD, S.: Increased circulating plasma volume following phenoxybenzamine (Dibenzylin). Amer. J. Physiol. **198**, 169 (1960).
404. WILSON, R. F., JABLONSKI, D. V., THAL, A. P.: The usage of Dibenzylin in clinical shock. Surgery **56**, 172 (1964).
405. WILSON, J. N., MARSHALL, S. B., BERSFORD, V., MONTGOMERY, V., HENKINS, D., SWAN, H.: Experimental hemorrhage: the deleterious effect of hypothermia on survival and a complete evaluation of plasma volume changes. Ann. Surg. **144**, 696 (1956).
406. WINTERSCHEID, L. C., BRUCE, R. A., BLUMBERG, J. B., MERENDINO, K. A.: Effects of isoproterenol on carbohydrate. Circulat. Res. **12**, 76 (1963).
407. YARD, A. C., NICKERSON, M.: Shock produced in dogs by infusion of norepinephrine. Fed. Proc. **15**, 502 (1956).
408. ZIMMERMANN, W. E.: Metabolische Veränderungen im Schock und ihre Auswirkungen auf die Organdurchblutung von Niere und Leber. Acta anaesth. scand. III, p. 154, 1966.
409. ZIMMERMANN, B. G., ABBOUD, F. M., ECKSTEIN, J. W.: Comparison of the effects of sympathicomimetic amines upon venous and total vascular resistance in the foreleg of the dog. J. Pharmacol. exp. Ther. **139**, 290 (1963).
410. ZETTERSTRÖM, B. E. M., PALMERIO, C., FINE, J.: Changes in tissue content of catecholamines in traumatic shock. Acta chir. scand. **128**, 13 (1964).
411. ZIEROTT, G.: Die medikamentöse Beeinflussung der Schocktoleranz im Tierexperiment und ihre klinische Bedeutung. Helv. chir. Acta **35**, 639 (1968).

412. — Meyer, C., Lundsgaard-Hansen, P.: Effects of beta-receptor blockade on the course of experimental hemorrhagic shock. Z. Kreisl.-Forsch., **58**, 892 (1969).
413. — Pappova, E., Lundsgaard-Hansen, P.: Combined adrenergic blockade in experimental hemorrhagic hypotension. Pflügers Arch. ges. Physiol. **310**, 1 (1969).
414. Zweifach, B. W.: Tissue mediators in the genesis of experimental shock. J. Amer. med. Ass. **181**, 866 (1962).
415. — Chambers, R., Lee, R. E., Hyman, C.: Reactions of peripheral blood vessels in experimental hemorrhage. Ann. N.Y. Acad. Sci. **49**, 553 (1948).
416. — Hershey, S. G.: Predisposing action of anesthetic agents on the vascular responses in hemorrhagic shock. Surg. Gynec. Obstet. **89**, 469 (1949).
417. — Lee, R. E., Hyman, C., Chambers, R.: Omental circulation in morphinized dogs subjected to graded hemorrhage. Ann. Surg. **120**, 232 (1944).

Erschienene Bände:

1 Resuscitation Controversial Aspects. Chairman and Editor: Peter Safar. DM 10,—
2 Hypnosis in Anaesthesiology. Chairman and Editor: Jean Lassner. DM 8,50
3 Schock und Plasmaexpander. Herausgegeben von K. Horatz und R. Frey. Vergriffen.
4 Die intravenöse Kurznarkose mit dem neuen Phenoxyessigsäurederivat Propanidid (Epontol©). Herausgegeben von K. Horatz, R. Frey und M. Zindler. DM 21,—
5 Infusionsprobleme in der Chirurgie. Unter dem Vorsitz von M. Allgöwer. Leiter und Herausgeber: U. F. Gruber. DM 7,20
6 Parenterale Ernährung. Herausgegeben von K. Lang, R. Frey und M. Halmágyi. DM 19,60
7 Grundlagen und Ergebnisse der Venendruckmessung zur Prüfung des zirkulierenden Blutvolumens. Von V. Feurstein. DM 9,60
8 Third World Congress of Anaesthesiology. DM 24,—
9 Die Neuroleptanalgesie. Herausgegeben von W. F. Henschel. DM 36,—
10 Auswirkungen der Atemtechnik auf den Kreislauf. Von R. Schorer. DM 14,—
11 Der Elektrolytstoffwechsel von Hirngewebe und seine Beeinflussung durch Narkotica. Von W. Klaus. DM 19,80
12 Sauerstoffversorgung und Säure-Basenhaushalt in tiefer Hypothermie. Von P. Lundsgaard-Hansen. DM 18,—
13 Infusionstherapie. Herausgegeben von K. Lang, R. Frey und M. Halmágyi. DM 39,60
14 Die Technik der Lokalanaesthesie. Von H. Nolte. DM 6,—
15 Anaesthesie und Notfallmedizin. Herausgegeben von K. Hutschenreuter. DM 48,—
16 Anaesthesiologische Probleme der HNO-Heilkunde und Kieferchirurgie. Herausgegeben von K. Horatz und H. Kreuscher. DM 9,60
17 Probleme der Intensivbehandlung. Herausgegeben von K. Horatz und R. Frey. DM 19,80
18 Fortschritte der Neuroleptanalgesie. Herausgegeben von M. Gemperle. DM 19,80
19 Örtliche Betäubung: Plexus brachialis. Von Sir Robert R. Macintosh und W. W. Mushin. DM 12,—
20 Anaesthesie in der Gefäß- und Herzchirurgie. Herausgegeben von O. H. Just und M. Zindler. DM 39,60
21 Die Hirndurchblutung unter Neuroleptanaesthesie. Von H. Kreuscher. DM 19,80
22 Ateminsuffizienz. Von H. L'Allemand. DM 22,—
23 Die Geschichte der chirurgischen Anaesthesie. Von Thomas E. Keys. DM 48,—
24 Ventilation und Atemmechanik bei Säuglingen und Kleinkindern unter Narkosebedingungen. Von J. Wawersik. DM 32,—
25 Morphinartige Analgetica und ihre Antagonisten. Von Francis F. Foldes Mark Swerdlow, and Ephraim S. Siker. DM 68,—
26 Örtliche Betäubung: Kopf und Hals. Von Sir Robert R. Macintosh und M. Ostlere. DM 42,—
27 Langzeitbeatmung. Von Ch. Lehmann. DM 24,—
28 Die Wiederbelebung der Atmung. Von H. Nolte. DM 8,—
29 Kontrolle der Ventilation in der Neugeborenen- und Säuglingsanaesthesie. Von U. Henneberg. DM 19,80
30 Hypoxie. Herausgegeben von R. Frey, K. Lang, M. Halmágyi und G. Thews. DM 48,—

Erschienene Bände (Fortsetzung):

31 Kohlenhydrate in der dringlichen Infusionstherapie. Herausgegeben von K. Lang, R. Frey und M. Halmágyi. DM 18,–

32 Örtliche Betäubung: Abdominal-Chirurgie. Von Sir Robert R. Macintosh und R. Bryce-Smith. DM 38,–

33 Planung, Organisation und Einrichtung von Intensivbehandlungseinheiten am Krankenhaus. Herausgegeben von H. W. Opderbecke. DM 34,–

34 Venendruckmessung. Herausgegeben von M. Allgöwer, R. Frey und M. Halmágyi. DM 24,–

35 Die Störungen des Säure-Basen-Haushaltes. Herausgegeben von V. Feurstein. DM 38,–

36 Anaesthesie und Nierenfunktion. Herausgegeben von V. Feurstein. DM 36,–

37 Anaesthesiologie und Kohlenhydratstoffwechsel. Herausgegeben von V. Feurstein. DM 24,–

38 Respiratorbeatmung und Oberflächenspannung in der Lunge. Von H. Benzer. DM 16,–

39 Die nasotracheale Intubation. Von M. Körner. DM 28,–

40 Ketamine. Herausgegeben von H. Kreuscher. DM 36,–

41 Über das Verhalten von Ventilation, Gasaustausch und Kreislauf bei Patienten mit normalem und gestörtem Gasaustausch unter künstlicher Totraumvergrößerung. Von O. Giebel. DM 18,–

42 Der Narkoseapparat. Von P. Schreiber. DM 19,80

43 Die Klinik des Wundstarrkrampfes im Lichte neuzeitlicher Behandlungsmethoden. Von K. Eyrich. DM 20,–

44 Der primäre Volumenersatz mit Ringerlactat. Von A. O. Tetzlaff. DM 18,–

45 Vergiftungen: Erkennung, Verhütung und Behandlung. Herausgegeben von R. Frey, M. Halmágyi, K. Lang und P. Oettel. DM 19,80

46 Veränderungen des Wasser- und Elektrolythaushaltes durch Osmotherapeutika. Von M. Halmágyi. DM 19,80

47 Anaesthesie in extremen Altersklassen. Herausgegeben von K. Hutschenreuter, K. Bihler und P. Fritsche. DM 48,–

48 Intensivtherapie bei Kreislaufversagen. Herausgegeben von S. Effert und K. Wiemers. DM 28,–

49 Intensivtherapie beim akuten Nierenversagen. Herausgegeben von E. Buchborn und O. Heidenreich. DM 24,60

50 Intensivtherapie beim septischen Schock. Herausgegeben von F. W. Ahnefeld und M. Halmágyi. DM 30,–

51 Prämedikationseffekte auf Bronchialwiderstand und Atmung. Von L. Stöcker.

52 Die Bedeutung der adrenergen Blockade für den haemorrhagischen Schock. Von G. Zierott. DM 42,–

In Vorbereitung:

53 Nomogramme zum Säure-Basen-Status des Blutes und zum Atemgastransport. Herausgegeben von G. Thews